ESQUISSES DE ZOOLOGIE.

ESQUISSES ZOOLOGIQUES

SUR LA

CÔTE DE GUINÉ

PAR

C. J. TEMMINCK,

MEMBRE CORRESPONDANT DE L'INSTITUT DE FRANCE.

1e Partie, les Mammifères.

LEIDEN,
Chez E. J. BRILL.
1853.

AVANT-PROPOS.

Ayant fourni, conjointement avec **M. M.** DE
HAAN et SCHLEGEL, un apperçu synoptique d'u-
ne partie de la Faune du Japon, et fait connaître d'une manière spéciale quelques mammifères, un grand nombre d'oiseaux, de pois-
sons et de crustacées originaires des îles de
cet Empire, ainsi qu'après avoir publié mon
Coup-d'oeil général sur les possessions néerlandaises dans l'Inde archipélagique, ouvrage
dans lequel l'histoire naturelle des grandes îles
de la Malaisie n'a pu être traité qu'en forme
d'apperçu fort secondaire : nous aventurons
maintenant la publication de quelques détails
nouveaux ou peu connus, sur une partie de la
Faune des contrées tropicales de l'Afrique occidentale, circonscrite dans le rayon des factoreries que le Gouvernement néerlandais possède
sur la côte de Guiné.

Le Musée des Pays-Bas a obtenu les objets accompagnés des observations qui en font partie, et qui serviront de matériaux à ces esquisses, par les soins de l'un des employés de notre établissement; dont la persévérance et le dévouement ne peuvent guère être surpassés par ceux d'aucun autre naturaliste voyageur.

M. Pel, jeune encore, débuta dans sa carrière par un goût décidé pour les travaux rélatifs à la Zoologie, et une prédilection particulière pour l'étude des animaux vertèbrés. S'étant voué pendant quelques années à cette étude pratique, l'occasion lui fut offerte de visiter et d'explorer une partie du littoral occidental de l'Afrique, dans le rayon des factoreries de l'État à la côte de Guiné, afin d'y collecter, pour le musée, le grand nombre d'animaux remarquables, sur lesquels on n'était parvenu jusqu'alors à obtenir que quelques indices vagues, ou des indications très-superficielles. En effet, après Bosman, qui fut chargé en 1688, d'explorer ces contrées, et qui a publié en 1703, quelques notices sur un fort petit nombre d'animaux de la Fantie, aucun autre ne s'est occupé depuis ce temps de l'étude des êtres remarquables, qui vivent sur cette terre classique pour l'histoire naturelle.

Avec ce goût persévérant pour la science,

M. PEL a su mettre à profit les connaissances acquises dans l'art de la taxidermie; à ces qualités, indispensables pour le naturaliste voyageur, il joint un coup d'oeil excercé, et la connaissance exacte des lacunes à remplir ainsi que des besoins à satisfaire dans notre établissement national, où il fit ses premières études. Ce qui fait surtout honneur à la droiture du caractère de notre voyageur, c'est que, par un dévouement bien louable et un désintéressement fort rare adjourd-hui, il ait consacré une partie de son temps à rassembler des collections pour le musée, en faisant abnégation complète d'intérêt personnel et pécuniaire.

Admis depuis quelques années dans le cadre des fonctionnaires de l'État à la côte de Guiné, M. PEL, au lieu de se livrer (comme le font tous les employés des factoreries néerlandaises établis sur cette côte) à un commerce toléré par le Gouvernement, notre naturaliste a meiux aimé sacrifier des revenus pécuniaires qu'il aurait pu se créer par le commerce, au désir, sans cesse présent à sa mémoire, de témoigner sa reconnaissance à l'établissement qui l'avait accueilli et protégé dès le début de sa carrière.

Je remplis un devoir bien cher à mon coeur, en rendant hommage au mérite et au désintéressement de mon ami. Après une absence de plusieurs années il est venu passer quelques mois au sein de sa famille, et vient de retourner au poste qu'il occupe en Afrique; il s'y rend de nouveau dans l'intention d'étendre ses pérégrinations, et de les mettre à profit pour agrandir le domaine de nos connaissances sur les contrées de l'Afrique centrale, si éminemment intéressantes à étudier, et encore peu ou point explorées aujourd'hui.

Il aurait sans doute été dans l'intérêt de la science de mettre à profit le temps du séjour de M. PEL en Europe, pour rédiger et préparer pour la publication, les résultats de ses recherches dans ces contrées, ainsi que les observations faites sur les animaux qui y vivent, et qu'à ces documents sur le pays des Aschantes, dont il visita Coumassie la capitale, l'on eut joint un atlas de planches, comprenant aussi les genres nouveaux, ainsi que les espèces les plus remarquables d'animaux qui habitent ces contrées. Quelque intéressante qu'aurait été une entreprise de cette nature, les frais qu'elle nécessiterait, ne sauraient être couverts sans des secours pécuniaires, fournis par le Gouvernement: mais, celui-ci, responsable de l'emploi des deniers nationnaux, ne peut autoriser des dépenses qu'une stricte économie ne saurait légitimer; hors donc, des plans de cette nature, quelque désirables qu'ils soyent pour les sciences, ne peuvent, pour le moment, être pris en considération sérieuse, et nous n'en faisons mention que sous forme de voeu légitime, à réaliser plus tard en des temps plus favorables pour les finances de l'État.

Ajoutons aussi le voeu non moins ardent, de voir rétablir dans ses attributions, sous quelque forme organique que ce soit, et sous telle direction ou dénomination que l'on jugera convenable, la commission supprimée des naturalistes explorateurs, dans nos possessions de l'Inde archipélagique. Cette commission scientifique n'a point fait défaut à sa destination ; elle n'a non plus manqué à ses devoirs. Sans vouloir énumérer ici les services qu'elle a rendu à des sciences, en quelque sorte secondaires[1], le dernier des membres encore en vie[2], vient de

---

[1]) Voir, *Verhandelingen over de Natuurlijke Geschiedenis der Nederlandsche Overzeesche Bezittingen.* Cet ouvrage en in folio, comprend, partie historique et ethnographique accompagnées de vues, de plans et de cartes, un volume ; Zoölogie, un volume avec atlas de planches. Botaniques, un volume et planches. Par les membres de la commission scientifique, *dissoute maintenant!*

[2]) Le champ des morts à Java, à Sumatra, à Amboine et à Timor a vu s'ouvrir des tombeaux pour dix de ces natura-

publier une partie, et continue la publication
de son précieux travail sur la constitution physique de l'île de Java, dont le complément
sera la grande carte topographique de cette île.
Ces travaux remarquables, dus à M. le Dr.
Junghuhn, lui promettent une place marquan-
te parmi les savants de notre époque. Feu le
Dr. Schwaner a doté le gouvernement de l'Inde, de la découverte précieuse de dépots houil-
liers dans les parties Sud-Ouest de Bornéo:
dans les manuscrits nombreux du défunt, ainsi que dans ceux de feu le Dr. Forsten, l'on
a recueilli des documents tres-intéressants rela-
tifs à l'ethnologie et à la topographie de Bornéo et des parties Nord de Célèbes.

Convenons, qu'un *excédent de vingt millions*
en bénéfice annuel, que l'Inde compte à la Mère-
Patrie, peut légitimement faire admettre la dé-
pense minime *de quarante mille florins* pour
une commission, chargée d'explorer scientifi-
quement et matériellement les riches et fertiles
possessions tropicales, que nos ayeux négligè-
rent *de faire étudier pendant plus de deux
siècles et demi*, et dont les immenses richesses

---

listes, dans la fleur de l'âge. — Les pierres sépulcrales qui
couvrent les restes mortels de mes jeunes amis, nous conservent les souvenirs de leurs travaux, et elles servent à constater leur dévouement ainsi que le zèle persévérent dont ils
étaient animés.

du sol, pour peu qu'elles soient mieux connues,
pourront être rendues tributaires au commerce
et à l'industrie du monde[1].

A défaut d'écrits périodiques pour l'histoire
naturelle, qui manquent complétement dans ce
pays, il est un autre moyen de satisfaire au besoin qu'éprouve en ce moment le musée des
Pays-Bas pour faire apprécier au monde savant
les richesses qui s'ytrouvent déposées, plus particulièrement celles de la côte de Guiné, obtenues par les soins du naturaliste, jadis attaché
à cet établissement.

Nous croyons rendre service à la science,
en publiant les résultats les plus rémarquables
de ces découvertes sous forme de *Prodrome*,
pouvant servir de base à un travail scientifique
plus général, et qui comprendra pour-lors, sous
le titre de FAUNE DE L'AFRIQUE, les matériaux
nombreux publiés dans les rélations des voyages de découvertes, ainsi que ceux compris dans
la présente notice, surtout dans les grands ouvrages de zoologie, qui font connaître un nom-

---

[1] Pour les détails sur cette matière importante. voir, mon
*Coup-d'oeil général sur les possessions néerlandaises dans l'Inde
archipélagique:* aux articles qui font connaître les productions
du sol ainsi que les aperçus sur l'histoire naturelle; spécialc-
ment pages 82, 94, 224, 422 et 463 du second volume, ainsi
que pages 564 et 409 du troisième volume.

bre déjà très-considérable d'animaux des différentes contrées explorées de cette vaste partie du monde. — Ces esquisses pourront tenir lieu de jalons, placés sur la route scientifiqne, conduisant à la connaissance plus parfaite de l'Afrique.

Nous n'avons pour le présent aucun autre but, que de fournir quelques indications succinctes sur les animaux rassemblés par notre voyageur. Chez le plus grand nombre de ceux-ci, les notions relatives aux moeurs laisseront nécessairement des lacunes à remplir; on pouvait s'attendre à un tel résultat, vu que plusieurs mammifères et oiseaux ayant été capturés par des chasseurs indigènes, M. PEL n'a pu recueillir de ses nègres salariés, aucune observation scientifique de quelque importance, et qu'effectivement il n'a été que le préparateur et le conservateur des dépouilles de ces animaux. Remarquons en-outre, qu'un bon nombre des mammifères propres à l'Afrique, sont des espèces dont le genre de vie est nocturne; de jour elles peuvent se soustraire aux poursuites des animaux carnassiers ainsi qu'aux perquisitions de l'observateur, en se cachant dans leurs retraites souterraines; ou bien elles se dérobent à la vue dans l'épaisseur des troncs des arbres vermoulus; ce qui fait que leur capture est due, le plus souvent, à des cas fortuits. Le plus grand nombre des oiseaux africains se retire de jour sous l'ombre protectrice des vastes forêts vierges, accessibles aux indigènes, qui seuls connaissent les sentiers tortueux , frayés par eux au coutelas , dans ces masses de végétaux qui se croisent dans tous les sens.

Il n'est dès-lors guère présumable que le naturaliste puisse trouver le moyen d'étudier ces êtres dans leur manière de vivre et de se nourrir. Toutefois, grâces à son zèle et à sa persévérance, M. **Pel** est parvenu à réunir plusieurs observations fort intéressantes, sur les moeurs et les habitudes de quelques espèces remarquables ou nouvelles pour la science: nous publions ces notices d'après les renseignements qu'il vient de nous communiquer à cette fin.

Nous commençons par fournir l'énumération de toutes les espèces de mammifères et d'oiseaux, recueillies par M. **Pel** dans ses excursions, et qu'il a expédié successivement au musée; dans ce nombre plusieurs sont connues, décrites, ou illustrées par de bonnes figures; nous ne ferons point mention spéciale de celles ci, que pour autant qu'il sera nécessaire de relever des erreurs, ou bien lorsque nous aurons des renseignements nouveaux à communiquer sur leur compte. Les espèces qu'après examen attentif, nous *présumons* être inédites, seront comparées au besoin à celles déjà connues. Les réprésentants des genres qui nous semblent nouveaux porteront l'indication de leurs caractères distinctifs.

Mon intention est de faire paraître cet écrit en deux parties ou livraisons ; la première comprendra les mammifères, la seconde les oiseaux ; ni l'une ni l'autre ne sera accompagnée de planches ; toutefois, ayant le projet de publier un troisième volume des *Monographies de Mammalogie*, dont deux voient le jour depuis quelque temps, je destine la partie de cet écrit, comprenant les mammifères de la Guiné, à former la première livraison de ce troisième volume, et à laquelle, pour lors, un nombre indéterminé de planches seront jointes. Ces esquisses sur les mammifères de la Guiné me serviront aussi à faire connaître quelques espèces nouvelles de *Roussettes*, de *Carnassiers* et d'*Écureuils* de l'Inde, qui n'ont point encore été publiés dans les catalogues méthodiques qui me sont connus.

———

CATALOGUE

DES ESPÈCES DE

MAMMIFÈRES

DE LA COTE DE GUINÉ QUE LE MUSÉE
DES PAYS-BAS

A REÇU PAR LES SOINS DE M. H. S. PEL, RÉSIDENT DU
GOUVERNEMENT ET DÉLÉGUÉ DU MUSÉE.

TROGLODYTES NIGER , dans le
    jeune âge.
COLOBUS URSINUS.
    »   FULIGINOSUS.
    »   VERUS.
CERCOPITHECUS DIANA.
    »   PETAURISTA.
    »   ALBOGULARIS.
    »   CAMBELLI.
    »   LUNULATUS.
OCTOLICNUS PELI.
PERODICTICUS POTTO.
PTEROPUS STRAMINEUS.
PACHYSOMA WHITEI.
PHILLORHINA VITTATA.
    »   CYCLOPS.
    »   FULIGINOSA.
    »   CAFRA.

RHINOLOPHUS ALCYONE.
MEGADERMA FRONS.
TAPHOSOUS PELI.
FELIS CELIDOGASTER.
VIVERRA CIVETTA.
    »   GENNETTOIDES.
HERPESTES LOEMPO.
    »   PLUTO.
    »   BADIUS.
CROSSARCHUS OBSCURUS.
PARADOXURUS BINOTATUS.
XERUS CONGICUS.
SCIURUS CANICEPS.
    »   EBI.
    »   MACULATUS.
    »   LEUCOSTIGMA.
    »   PUNCTATUS.
    »   MUSCULINUS.

ANOMALURUS PELI.
» FRASERI.
» LANIGER.
MYOXUS COUPEI.
MUS VITTATUS.
» BARBARUS.
» TRIVIRGATUS.
» SIKAPUSI.
» ERYTHROLEUCOS.
» MUSCULOIDES.
» RUFINUS.
CRICETOMYS GAMBIENSIS.

MANIS LONGICAUDATUS.
» TRICUSPIS.
HYRAX SYLVESTRIS.
TRAGELAPHUS SCRIPTUS.
CALOTRAGUS SPINIGER.
CEPHALOPHUS PLUTO.
» OGILBYI.
» DORSALIS.
» RUFILATUS.
» MAXWELLI.
BOS BRACHYCEROS.

TROGLODITE GORILLE ET CHIMPANSÉ.

TROGLODYTES GORILLA et NIGER.

Quoique inscrivant collectivement ces deux noms dans un même article, nous n'avons point l'intention d'insister sur la réunion de ceux-ci comme formant une seule et même espèce; le premier représentant l'état parfait ou l'adulte, le second le jeune-âge. Convenons toutefois, que le doute qu'on a émis jusqu'ici sur l'existence de deux grands singes anthropomorphes africains, et l'éloignement manifesté par plusieurs naturalistes (dont j'ai partagé l'opinion) d'admettre dans le rayon de la zône tropicale de cette partie du monde deux espèces distinctes de ces grands animaux, se trouvait être pour le moins fort spécieux, et qu'il paraissait même évident, envisagé sous le point de vue des rapports et de l'analogie qu'on observe entre le type africain *Troglodite chimpansé*, et *l'Orang-Oetan* de Bornéo.

La certitude de l'existence de deux de ces grandes espèces de quadrumanes dans le rayon tropical de l'Afrique, est fondée maintenant sur des faits incontestables, ainsi que sur des documents du plus grand intérèt; les

uns et les autres ont été fournis par M. le Prof. Owen
sur des crânes de ces animaux [1], et ils viennent d'obtenir,
fort récemment, une confirmation évidente par M. le
Professeur Isidore Geoffroy, sur des sujets à l'état a-
dulte, conservés à l'esprit de vin [2]. Ces données ne laissent plus aucun doute sur ce fait, d'une haute portée
scientifique.

Nous tâcherons de réunir dans le présent article tout
ce qui a été dit relativement à ces deux espèces, en in-
diquant sommairement les données nouvelles, qui viennent en quelque sorte rendre la vie et l'être à des animaux, connus déjà longtemps avant les premiers âges de
notre ère; mais sur lesquels des siècles se sont écoulés
avant d'avoir été portés de nouveau à la connaissance et
soumis à l'investigation des naturalistes.

Le plus grand de ces deux quadrumanes auquel le nom
de *Troglodytes gorilla* vient d'échoir en partage, paraît
être le même animal que celui signalé sous cette epi-
thète par le navigateur cartaginois Hannon, Pline en a
fait mention sous le nom de *gorgone*. Nous arrivames,
dit Hannon, »dans le golfe appelé la corne du Sud [3];
»dans le fond de ce golfe etait une île semblable à la

---

[1] *Transact. Zool. Soc. v. 3. p. 281. pl. 61. 62 et 63.*

[2] *Comptes rendus de l'Académie des Sciences du 19 Janvier 1852.
Revue Zoologique 1852. p. 37. et Revue id. année 1853. n°. 2 et 3.*
Les objets du plus grand intérêt pour la science, viennent d'être ac-
quis au Museo de Paris par les soins de M. Gautier la Boulaie; du
Commandant de la frégate l'Eldorado, M. Penaud; ainsi que par M.
Franquet, Chirurgien de la marine française.

[3] Le Golfe de Guiné probablement.

»prémière, qui avait un lac, et dans ce lac était une
»autre île remplie d'hommes sauvages [1]. En beaucoup
»plus grand nombre étaient les femmes velues, que nos
»interprêtes appelaient *gorillas*. Nous les poursuivimes;
»mais nous ne pumes prendre les hommes, tous nous
»échappaient par leur grande agilité. Nous ne primes
»que trois femmes qui, mordant et déchirant ceux qui
»les emmenaient, ne voulurent pas les suivre: on fut
»forcé de les tuer. Nous les échorchames et portames
»leurs peaux à Carthage, car nous ne navigames pas
»plus en avant" [2].

Les peaux de ces *Gorilles* furent en effet transportées
à Carthage, et déposées par HANNON dans le temple de
Junon-Astarte, et le rapport atteste qu'il fut consacré et scellé dans le temple de Saturne, où, lors de la
prise de la ville (146 avant J. C.), les romains trouvè-
rent les dépouilles de *Gorgones* suspendues dans le temple de Junon. PLINE qui avance ce fait, dit, que HAN-
NON pénétra dans les îles Gorgades habitées par les Gorgones. Ce qui m'a fait dire dans l'introduction de la
troisième partie du *Manuel d'Ornithologie*, pag. XXXVIII;
parlant de l'origine des collections d'histoire naturelle....
»Le carthaginois HANNON, consacra ainsi dans le temple
»de Junon une peau de *gorgone*, qu'on peut soupçonner
»être la dépouille de quelque grand singe d'Afrique, pro-
»bablement le *Cynocephalus hamadryas*." — Les faits ré-

----

[1] C'était probablement le delta à l'embouchure d'un grand fleuve.
[2] Traduction de M. DUREAU DE LA MALLE, citée par M. AUCAPITAINE,
dans la Revue Zoologique, 1853.

cemment mentionnés dans la revue, servent à constater que ces peaux de *Gorgones*, suspendues à la voûte du temple de Junon, étaient les dépouilles des *Gorilles* femelles, consacrées par Hannon lors de son retour de la célèbre expédition nautique des Carthaginois, vers les côtes occidentales de l'Afrique.

Il paraît que les peuples nègres de l'intérieur, débitèrent aux navigateurs du siècle dernier des contes éxagérés, trop empreints de merveilleux pour qu'on ait pu se permettre d'ajouter foi à leur témoignage, et que sur ces assertions dépourvues de toute espèce de preuves à l'appui, les naturalistes n'ont pu se permettre d'établir ces espèces sur de simples données, empreintes d'une origine aussi fabuleuse. Les nègres qui habitent aujourd'hui la côte de Guiné n'ayant conservé de ce grand singe qu'une idée confuse (attendu que l'espèce ne se montre plus vers les parties du littoral), leurs traditions en fournissent encore quelques indices; car elles signalent un animal du nom de *Sammantam*, qui atteindrait la hauteur de sept pieds, et qui serait plus fort et plus grand que l'homme. Ce *Sammantam* est pour ces peuples un être fantastique, un esprit, dont les apparitions nocturnes ont souvent lieu sur le bord des rivières, où il se rend de temps en temps pour pêcher; il utiliserait les longs poils bruns dont son crâne est revêtu, en guise de nasse ou d'appat, pour se rendre maître du poisson, dont ces peuples prétendent qu'il se nourrit. M. Pel qui m'a communiqué ce fait, m'assure en même temps que parmi les nègres, dans le rayon de nos factoreries de la côte de Guiné, n'existe plus aucun souvenir de l'existence du grand animal, dont leurs traditions font mention; toutefois, il paraît indubitable que les caractères et tous les faits de moeurs, attribués à leur *Sammantam*, conviennent bien plus au *Gorille*, qu'ils n'ont rapport au *Chimpansé*.

Il paraît que du temps de Bosman, en 1705, les deux espèces se voyaient de temps en temps comme objets de curiosité à la factorerie néerlandaise de la Mina. Il dit que le peuple les nomme *Smitten* (forgerons); qu'ils parviennent à une taille surprenante; j'en vis moi-même un qui avait cinq pieds de haut, et de bien peu moins grand que l'homme. Ils sont méchants et très-forts; un marchand m'a conté, que dans le voisinage du fort de Wimba, le pays est occupé par un très-grand nombre de ces singes, qui sont de force à attaquer l'homme, ce dont on citait des exemples [1]. Le même auteur dit en parlant de la seconde espèce, que ces singes sont laids de figure, qu'ils ressemblent aux premiers, mais que, à eux quatre, ils sont à peine aussi gros que l'un des premiers [2]. Ce que l'on trouve de mieux dans cette sorte de singe, c'est qu'on peut leur apprendre, à peuprès tout ce que l'on veut [3].

Peut on raisonnablement blâmer les naturalistes modernes de n'avoir admis qu'une seule et même espèce, d'après ces renseignements, fournis par Bosman.

---

[1] Cette partie du recit de Bosman a rapport au *Gorille*.
[2] Ici il est évidemment question du très-jeune *Chimpansé*.
[3] Bosman, *beschrijving van Guiné*, dernière édition 1737. pag. 34.

Le passage, dans GAUTHIER SCHOUTEN, où il fait mention de singes qu'il dit être presque de la même figure et de la même grandeur que les hommes, mais qu'ils ont le dos et les reins couverts de poils[1]; a été appliqué erronément au *Gorille;* ce cinge vu par SCHOUTEN, était un *Orang-Oetan* de Bornéo. La citation DE BONTIUS pag. 85, doit également être portée dans la synonimie de *l'Orang* de Bornéo. Il en est de même de *l'Oran-Outan* du Capitaine BEAKMANS, travel. 1718; quant au singe de GROSSE, voyage aux Indes Orientales 1758, c'était un *Gibbon* (Hylobates entelloides).

Déduction faite des indications de BUFFON sus mentionnées, empruntées aux auteurs du commencement du dix-huitième siècle, toutes les autres qui se trouvent citées par lui dans l'article du *Pongo* et du *Jocko*, doivent être classées soit avec le *Gorille*, soit sous la rubrique du *Chimpansé*. Toutefois, il sera difficile de ne point commettre quelque méprise dans cette classification des données, fournies sur ces deux espèces, dont le plus souvent les jeunes seulement ont été observés; vu que, depuis BUFFON jusqu'à nos jours, l'on n'a eu aucune idée de l'existence bien constatée, de deux espèces de grands singes anthropomorphes, dans les parties Ouest de l'Afrique.

Nous devons probablement, dit M. AUCAPITAINE[2], voir dans le *Gorille* la seconde espèce de singe citée et non décrite par TYSON[3]. Nous avons encore un autre docu-

---

[1] SCHOUTEN voy. Amsterd. 1707.
[2] *Revue Zool.* 1853. n°. 2. p. 53.
[3] *The anat. of a pygm.*, Lond. 1699.

ment cité par Buffon, c'est la lettre d'un médecin fran-
çais résidant en Guiné, qui écrivit au savant Peirese,
dont Buffon donne le passage suivant.

»Il y a en Guiné des singes vénérables par leurs longs
»poils touffus et leur barbe velue; leur allure est lente,
»et ils paraissent avoir plus d'esprit que les autres; ils
»sont très-grands et on les nomme *Barris;* ils se distin-
»guent surtout par le jugement; lorsqu'on leur met un
»vêtement ils marchent incontinent sur les pieds de der-
»rière; ils jouent avec habileté de la flute, de la lyre
»et autres instruments". A part l'exagération, ce *Barris*
ne peut être que le *Gorille.*

Buffon cite encore Nierenberg [1], Dappert description de
l'Afrique pag. 249, et la rélation de Battell de son *Pongo.*
Il assure, »qu'il est dans toutes ses proportions sembla-
»ble á l'homme, seulement qu'il est plus grand; grand
»dit-il, comme un géant; qu'il à la face comme l'homme,
»les yeux enfoncés, de longs cheveux aux côtés de la
»tête, le visage nu et sans poil, aussi bien que les oreil-
»les et les mains; le corps légèrement velu, et qu'il ne
»diffère de l'homme á l'extérieur que par les jambes,
»parce-qu'il n'a que peu ou point de mollets; que cepen-
»dant il marche toujours debout; qu'il dort sur les ar-
»bres et se construit une hutte, un abri contre le soleil
»et la pluie; qu'il vit de fruits et ne mange point de
»chair; qu'il ne peut parler, quoiqu'il ait plus d'enten-
»dement que les autres animaux; que quand les nègres

---

[1] Nierenb.: *Hist. nat. pereg.* lib. 9. Cap. 44 et 45. Voir aussi Pur-
chass. *Hist. des voy.* v. 3. p. 295.

»font du feu dans les bois, ces singes viennent s'assoir
»autour et se chauffer; mais qu'ils n'ont pas assez d'es-
»prit pour entretenir le feu en y mettant du bois; qu'ils
»vont de compagnie et tuent quelquefois des nègres dans
»des lieux écartés; qu'ils attaquent même l'éléphant, le
»frappent à coups de bâton et le chassent de leurs bois;
»qu'on ne peut prendre ces *Pongos* vivant, par ce qu'ils
»sont si forts que dix hommes ne suffiraient pas pour
»en dompter un seul; l'on ne peut donc qu'attraper les
»petits tous jeunes; que la mère les porte marchant de-
»bout et qu'ils se tiennent attachés à son corps avec les
»mains et les genous. Il dit comme très-remarquable,
»qu'il y à deux espèces de ces singes très-ressemblant à
»l'homme, le *Pongo* qui est aussi grand et plus gros
»que l'homme, et *l'Enjocko* qui est beaucoup plus petit."
Ce qui prouve que Battell avait connaissance de deux
espèces, et les distinguait nettement. C'est aussi sur ce
recit que Buffon a établi les indications de son *Pongo* et
de son *Jocko,* ou le *Gorille* et le *Chimpansé;* adoptés par
nos naturalistes, seulement depuis peu de temps, vu le
manque, jusqu'à cette époque, de preuves à l'appui ainsi
que de pièces convainquantes, qui servent maintenant à
constater ce fait.

Les premières indications certaines, accompagnées de
documents qui ne laissent subsister aucun doute sur
l'existence du grand quadrumane signalé par les narra-
tions des anciens, ont été fournies, en 1847, par le
missionaire Savage [1], qui fit part de ses recherches sur

---

1) Notice of Troglodytes gorilla a new species of Orang of Gaboon river

ce primate voisin de l'homme, dans le travail que nous venons de citer, et qui est accompagné de quatre bonnes planches, représentant la crânalogie complète du *Gorilla*. Ce mémoire est suivi d'un tableau comparatif de la grandeur des crânes des *Simia satyrus*, *Troglodytes niger*, *Troglodytes gorilla* et de l'homme.

Un mémoire du plus grand intérèt pour la science ostéologique du *Görille* et du *Chimpansé*, a été publié par M. le Prof. Owen [1]. Cette recherche savante du célèbre Professeur anglais est illustrée par six planches, d'une exécution parfaite; elles fournissent, de grandeur naturelle, l'image fidelle des différences ostéologiques des crânes du *Gorille* et du *Chimpansé*.

Viennent en dernière analyse les renseignements nouveaux, obtenus sur ce grand singe anthropomorphe, par M. le Professeur Isidore Geoffroy Saint-Hilaire, annoncés d'abord dans l'extrait des comptes rendus des séances de l'Académie des Sciences de Paris, du 19 Janvier 1852, et dans lequel il fait part de l'arrivée d'un individu adulte du *Troglodyte Gorille*, offert au musée de Paris par M. Pennaud, commandant de la frégate l'*Eldorado*, ainsi qu'un crâne et un squelette, obtenus, en 1849 de M. Gautier la Boulaye, et qui ont servi de matériaux à l'illustre savant que nous venons de nommer, pour établir ses études sur les primates, dans son cours de Zoologie de 1855, tenu au musée de Paris: études, dont

---

by Thomas Savage, et voir *Journ. of Nat. Hist.*, Boston 1847. vol. 5. p. 419.

[1] *Transac. Lin. Soc.*, vol. 3. p. 381 *particulièrement* p. 418 *et suivantes.*

M. H. Aucapitaine s'est chargé de fournir l'analyse, dans
la *Revue Zoologique* n°. 2 et 3 de l'année courante, et
dont nous empruntons les données les plus remarquables, dans les notices que nous publions sur ces deux
singes.

La hauteur du *Gorille* dépasse cinq pieds; sa taille est
donc la moyenne de l'homme; mais ses autres proportions sont colossales; la largeur de ses épaules et le peu
de longueur de ses membres inférieurs en font un animal
disproportionné, tandis qu'un autre caractère qui lui est
particulier, lui donne un air féroce : c'est une longue
touffe, ou plutôt crinière de poils, le long de la suture
sagittale, qui rencontre postérieurement une crête transversale semblable, un peu moins élevée, laquelle entourre
le derrière de la tête en s'étendant d'une oreille á l'autre.
Le *Gorille* peut à son gré hérisser ou faire mouvoir cette
crinière, et, quand il est furieux il contracte les poils,
en abaissant sa crête et relevant sa chevelure.

Le museau est long et proéminent; quelques poils gris
épars entourent le menton; oreille et face nue, d'un
brun foncé. La lèvre inférieure est très-mobile, pendante sur le menton quand l'animal est irrité. Son cou
est épais; la poitrine et les épaules atteingnent près du
double de la taille de celle de l'homme, et tout à fait
double de celle du *Troglodyte chimpansé;* l'avant bras un
peu court; le bras et surtout les mains, très-longs; les
pouces sont beaucoup plus gros que les doigts, comparativement courts, pourvus partout d'ongles plats. Abdomen très-large, proéminent et couvert d'un pelage plus
fin que celui du dos. Les membres postérieurs sont plus

petits que chez l'homme, mais d'un volume double. La marche n'est pas franche; car il s'avance le haut du corps en avant et les bras avancés. Cette espèce n'a ni queue ni callosités; le coccyx est terminé par une petite touffe de poils. M. Savage fait aussi mention de la marche et de la manière dont le *Gorille* fléchit les doigts, mais ceci peut dépendre plus ou moins de la conformation des individus. Nous renvoyons pour les détails intéressants, mais nombreux sur l'anatomie, au mémoire du Professeur Owen.

Les renseignements sur les moeurs et les habitudes de cet animal, ont été communiqués à M. Savage par les naturels. C'est, dit-il, dans le pays accidenté, arrosé par le fleuve Gaboon, depuis son embouchure jusqu'à cinquante ou soixante milles dans l'intérieur des terres, pays appelé Mpongwra, qu'habite le *Gorille*, que sa férocité, redoutée des naturels, a sans doute empêché de connaître plus-tot. Le nom de *Pongo* employé par Buffon, est très-probablement originaire de l'idiomen de ce pays; les naturels du Gaboon lui donnent le nom d'*Engeena*, et les Portugais qui y sont établis le nomment *El Salvago*. Cet animal vit en troupes, parmi lesquelles, en général, il n'y aurait qu'un petit nombre de mâles pour un plus grand nombre de femelles; ce fait, dit M. Dureau de la Malle, confirme parfaitement le récit de Hannon dont il est fait mention ci dessus. Tous les voyageurs s'accordent à attribuer une force rédoutable à ce quadrumane, M. le Chirurgien Gautier dit, qu'on n'a pu prendre vivant un seul *Gorille* mâle adulte, car il est plus fort à lui seul que dix nègres. Son cri de bataille est un son terrible, *Keh-ah*, prolongé, lugubre, et perçant. M. Savage dit, que leurs habitudes agressives, jointes à l'aspect féroce que leur donne leur crête velue et leur chevelure herissée, font considérer parmi les nègres, comme un acte de grand courage, d'avoir abattu un de ces animaux. Quant aux éléphants assommés à coups de massues et aux femmes enlevées par ces animaux, ce sont des contes, que M. Savage nie complétement. Les canines, dit le Professeur Owen, sont si grandes et ses machoires si puissantes, que les blessures qu'elles font, sont très-dangereuses; mais sa principale force est, comme chez *l'Orang-oetan*, dans la vigoureuse étrinte de ces longues mains, avec lesquelles il étrangle rapidement son ennemi ; aussi s'il n'est pas tué sur-le-champ, les nègres prennent-ils immédiatement la fuite. La femelle a des dents canines plus petites que celles du mâle ; pendant que celui-ci engage le combat avec les nègres elle se cache avec son jeune. Ces primates ont la singulière habitude de se construire une sorte, non pas d'habitation, mais de nid, composé de ramées et de bâtons pour y passer la nuit. La majorité des indigènes considère le *Gorille* comme un homme, ce qui ne les empêche pas d'en faire un met que la rareté ne fait que plus rechercher. Ces animaux font leur nourriture habituelle de la pulpe acide d'une espèce d'*Amonum*, la tige du *Sacoarum officinarum*, le fruit de *l'Elais guinensis*, ou palmier à huile, des *Carica papaya*, *Musa sapientum*, et plusieurs autres plantes.

Il paraît que la vraie patrie du *Gorille* est la basse

Guiné, à partir de l'équateur ; et que le *Chimpansé* vit plus au nord dans la haute Guiné, peut-être jusque dans la Sénégambie. Ces quadrumanes ont leur habitat étendu jusqu'au centre de l'Afrique ; mais il paraît qu'ils ne dépassent point cette limite centrale, vu que les voyageurs qui ont pu pénétrer du littoral Est dans l'intérieur, par les côtes de Mossambique et de Zanzibar, ne font aucune mention de singes anthropomorphes, dans ces contrées.

Il me paraît probable que les changements opérés par l'âge chez cet animal, ont fait supposer, par les naturels, la possibilité de l'existence de plusieurs espèces différentes. Il est à craindre que ces idées chimériques, autant que les noms divers, donnés à ce quadrumane, ne fassent croire à la réalité de cette supposition, et qu'elle n'aboutisse, en fin de compte, à la formation d'espèces purement nominales, absolument comme il s'est fait que les mêmes causes ont servis à fournir des résultats semblables, dans la création de plusieurs espèces, chez le type anthropomorphe asiatique de *l'Orang-oetan* de Bornéo, qui est, et demeure la seule espèce, répendue dans cette île de l'Archipel de la Malaisie [1]. Je

---

[1] Si en effet il est avéré que les indigènes de l'Afrique centrale, distinguent ce singe par des noms différents qu'ils donnent à cet animal, selon l'âge ou la taille des individus, cette habitude serait pour lors exactement conforme à celle des Daiaks de Bornéo, qui ont aussi plusieurs noms pour désigner leur grand singe. *Orang-hoetan* est son nom dans les parties méridionales ; plus vers le nord on le nomme *Orang-Kaheio ;* puis ils désignent le vieux mâle par le mot *Salampang*, les femelles par celui de *Bookoe*, et ils nomment les jeunes *Pendekk*.

partage au reste complétement l'opinion de M. Aucapitaine, qui est d'avis que, jusqu'à plus amples détails,
l'on doit regarder comme prématurée la seconde espèce
de *Gorille* annoncée par quelque naturalistes. J'ajoute
même que non-obstant les données écrites, les traditions
des naturels, et les faits de moeurs observés, l'on peut
affirmer que le *Gorille* pas plus que le *Chimpansé*, n'est
aujourd'hui qu'imparfaitement indiqué et décrit: bien
que leur existence soit clairement démontrée d'après les
objets acquis à Londres et à Paris; mais ces documents
quelque precieux qu'ils soyent pour l'anatomie et surtout

Au reste, je n'ai jamais ajouté foi, et nonobstant l'oppinion con-
traire, je ne crois point encore à l'existence de plusieurs espèces *d'Orang-
oetans* dans l'île de Bornéo. L'existence spécifiquement distincte d'un
autre grand *Orang-Oetan*, peut se trouver réalisée dans le singe anthropomorphe, de la partie Nord-Est de l'île de Sumatra; mais, cet animal
est trop imparfaitement indiqué pour qu'on puisse juger des différen,
ces ou reconnaître l'identité.

Mes observations, sur un grand nombre de dépouilles de *l'Orang-
Oetan* de Bornéo, me portent à admettre comme hypothèse spécieuse;
que les excroissances de matière adipeuse aux joues, placées sur la région
des arcades zygomatiques dans les mâles, sont en connexion directe avec
l'époque de la puberté. Le mâle adulte en est pourvu; l'état semi-
adulte en porte les indices; la femelle, quelque soit son âge, de même
que les jeunes n'en montrent aucune trace. L'on trouve aussi des mâles à l'état d'adulte, même des individus très-vieux, chez lesquels ces
protubérances adipeuses sont plus ou moins développées. De tous ces
faits bien constatés, l'on se voit porté à conclure, que ces excroissances ne se montrent chez les mâles qu'à l'âge de puberté, et qu'elles
sont plus ou moins apparentes, en rapport avec l'époque éloignée ou
rapprochée du rut. Puis, qu'on peut les assimiler aux crètes, barbil-
lons et carroncules dont les mâles, dans quelques genres d'oiseaux sont
pourvus; car, ce sont aussi des substances adipeuses, qui prennent un
développement plus ou moins considérable vers l'époque, ou dans la
saison des amours.

Je borne à dessein ces remarques à l'exposé sommaire des faits,
ainsi qu'à l'indication succincte des conséquences probables. Je ne
résous pas la question, je la pose.

pour l'ostéologie de l'espèce, la Zoologie n'y a pu trouver aucune part, attendu que nous n'avons point encore, à ce que je sache, obtenu dans aucun des musées connus, les dépouilles parfaites de sujets à l'état adulte, et que par consequant, nous ne pouvons pas fournir, pour le moment, de description positive du pelage ou de la livrée propre à ces espèces, dans les périodes les plus mar-quantes de leur vie, ni savoir quelles sont les différences qui peuvent exister chez elles selon le sexe des indi-vidus.

Le *Chimpansé* (Troglodytes niger), ou la seconde espèce de singe anthropomorphe de l'Afrique, doit avoir habité primitivement une grande partie du littoral de la Guiné et d'Angole; toutefois, il est certain que les progrès de la civilisation et l'établissement des Européens dans ces contrées, l'ont refoulé dans les parties de l'intérieur où, selon les renseignements fournis par les nègres, on le rencontre, de temps en temps dans les grandes masses des forêts qui bordent les rivières. Les nègres assurent qu'on le trouve plus rapproché de la côte dans les districts au nord de nos établissements, tels que le Grand-Bassam et le Jack-Jack; contrées, desquelles ont été apportées à Elmina les individus dans le jeune-âge qui se trouvent au Musée des Pays-Bas; M. Pel qui à passé plus de douze ans dans nos factoreries de la côte, n'a point encore eu occasion de voir l'adulte de cette espèce. Les nègres de la côte donnent, dans leur idiome, le nom d'*Arappie* au jeune; ils désignent l'adulte par un autre nom, qui ne

nous est point connu. De la Brosse assure qu'à la côte
d'Angole, les naturels lui donnent le nom de *Quimpesé*,
dont ont à fait *Chimpansé*, dénomination généralement
adoptée aujourd'hui.

L'on doit au Docteur Tyson[1] l'anatomie exacte d'un
jeune, tout au plus âgé d'un an, Trails en fournit aussi
des détails dans les mémoires de la société Wernérienne,
vol. 3. pag. 1. Ce sont particulièrement aux travaux du
célèbre Professeur Owen, que la science est redevable de
tous les détails ostéologiques, que cet anatomiste anglais
a publié dans le vol. 1. pag. 344 des *Transactions de la
Société Zoologique:* détails qui reposent sur l'examen du
squelette d'un individu parfaitement adulte, envoyé de
Sierra-Leone à M. Walker, Chirurgien anglais, chez qui
M. Owen trouva ce précieux sujet, dont il s'est servi
pour établir les premières indications sur la charpente
osseuse de ce Singe[2].

Nos connaissances en fait des caractères Zoologiques
sur cette espèce, ne sont guère plus riches en détails
que celles qu'on a pu rassembler sur le *Gorille;* elles se
bornent à ce qu'on a pu étudier sur les dépouilles de jeunes individus, à peine âgés d'un ou de deux ans. A part
le squelette de l'adulte, que le hasard fit trouver par M.
Owen dans une collection appartenant à un particulier
de Londres, l'on ne possédait, il y à peu de temps seu-

---

[1] *Anatomy of a pygmie*, 2 edit. pag. 84.
[2] Voyez. *Transact. of the Zool. Soc.* vol. 1. pl. 48 et 50; *l'adulte et
le jeune, et* pl. 51 et 52; *crâne de l'adulte.*

lement, aucune connaissance constatée par des preuves à l'appui, de l'existence positive de cette espèce; bien plus, il nous manque même des indications précises sur ce premier représentant du singe le plus voisin de l'homme sous le rapport de l'ensemble de son organisation; l'on ne connaît point tous les faits de moeurs, non plus que les détails sur la nature du pelage et des couleurs de la robe dans les deux sexes. Pour les détails d'anatomie et d'ostéologie du *Chimpansé*, nous renvoyons aux écrits précieux, riches en faits, publiés sur ces parties, surtout au mémoire du savant Owen, qui ne laisse rien à désirer. Nous faisons grace au lecteur de la monotonne et arride nomenclature, qu'on trouve réunie dans les catalogues méthodiques. La synonimie du *Chimpansé*, me paraisant exacte dans l'ouvrage de Wagner Schreber, Supplément, l'on peut y avoir recours au besoin[1]. Il nous reste à enrégistrer ici la figure passable, publiée par Lesson, Illustrations de Zoologie pl. 52 sous l'épithète de *Chimpansé à coccix blanc*[2], ainsi que la description prise sur un jeune individu, portant en hauteur 26 pouces 6 lignes.

Les machoires sont renflées, saillantes, munies de dents de même forme que celles de l'homme, et recouvertes par des lèvres minces, très-fendues, à commissure linéaire. Le nez est rentré, comme perforé par des na-

---

[1]) Toutefois excepté le *Pongo* de Buffon, et la planche I des Singes d'Audebert, qu'on doit classer comme jeune du *Gorille*.

[2]) Le blanc-jaunâtre de la touffe de poils au coccix existe dans toutes les périodes de l'âge chez le *Chimpansé;* le petit dès sa naissance en porte le stigmate.

rines tres-ouvertes, ovalaires, isolées par une mince cloison. Les yeux sont oblongs, séparés par un intervalle plane, garnis de cils, surmontés d'arcades arrondies, à peine proéminentes. Le front est légèrement bombé, puis déclive. Le menton est convexe, souvent légèrement barbu et couvert de poils rares et blancs. Toute la face est nue, ayant quelques poils sur les pommettes qui sont peu saillantes; des poils épais couvrent les joues. La tête est arrondie, couverte de poils peu touffus, puis longs sur l'occiput et courts sur le sommet de la tête. Les oreilles sont larges, hautes, médiocrement déjettées en arrière, à conque rebordée, à pavillon dessiné comme chez l'homme. Les bras sont alongés, à faisceaux musculaires assez robustes, couverts de poils dirigés de haut en bas sur les bras et de bas en haut sur l'avant-bras; la main est longue, à doigts nus, à pomme épaisse, à pouce court et étroit; tous les ongles sont aplatis, blanchâtres. Les fesses sont sans aucune callosité, les jambes courtes épaisses; les pieds ont le pouce opposable, un peu plus prononcés qu'aux mains; ils sont dénudés, calleux sur le bord externe.

Le pelage est entièrement rude, flexueux, peu serré, excepté sur le dos, les épaules et la face extérieure des membres; ils sont beaucoup plur rares sur le thorax, le ventre et en dedans des membres. Le pelage est noir profond partout, excepté le pourtour de l'anus, qui est plus où moins largement bordé de poils, blanc-jaunâtre, plus ou moins longs.

Les jeunes individus d'un ou de deux ans, hauts de 2 pieds, que le musée des Pays-Bas à obtenu par M. Pel,

ressemblent de tout point à cette description ; plus ils
sont jeunes moins ils sont couverts de poils sur les différentes parties du corps et des membres.

Deux de ces individus ont été apportés vivants à Elmina par les nègres de l'intérieur ; ils ont été capturés
dans les districts au nord de nos établissements de la
côte, dans le Jack-Jack et le grand Bassam.

Dans la famille des singes à longue queue grêle et non
prenante qui comprend les espèces de l'ancien continent,
divisées methodiquement en *Semnopithèques* de l'Asie et
de ses Archipels, et en *Colobe* et *Guenons*, toutes de
l'Afrique, il est nécessaire de constater que le sexe et
l'âge produisent des différences plus ou moins remarquables dans la nature et dans les couleurs de leur pelage,
comme dans le développement des poils accessoires, tels
que touffes terminales à la queue, développement des favoris aux joues, et longueur relative des poils sur différentes parties du corps ; les jeunes, dans la première période de leur vie, ressemblent même si peu aux parents
que le plus grand nombre des indications chez les auteurs anciens, même parmi ceux plus récents, indui-
sent en erreur par le nombre multiplié des espèces qu'ils
forment d'une seule, selon l'âge premier, l'état adulte
ou semi-adulte et le développement parfait dans l'extrème
vicillesse. Ceux qui ont publiés des portraits de singes,
ayant le plus souvent omis de constater l'âge des individus, soit par l'examen des dents ou bien par celui des
sutures du crâne, il en est résulté des difficultés pour

déterminer quelques espèces, ou bien pour réunir entre elles des indications de celles qui sont purement nominales ; mais, les auteurs sont fort excusables des erreurs que nous venons de signaler ; car, en effet, comment peut-on soupçonner le moindre rapport entre la livrée d'un noir parfait que porte le *Semnopithèque Maure* adulte, et celle du jeune animal, qui est d'un roux vif ; entre le *Colobe Guereza* tout noir, orné d'un camail de poils blancs, fort longs, et son petit revêtu d'un pelage cotonneux, totalement blanc ; entre le *Nasique* parfaitement développé, et son petit, dont l'on a fait une espèce, tandis que l'animal á l'état de semi-adulte a subi le même sort. L'on peut consulter aussi, la partie Zoologique de l'ouvrage sur nos possessions dans l'Inde, planches 11 et 12 [1], pour se convaincre de la disparité remarquable qui existe entre les jeunes et les adultes des espèces de *Semnopithecus Rubicundus*, *Chrysomelas*, *Cristatus* et *Mitratus*, de l'Archipel malais.

Plusieurs guenons, dans le jeune âge, diffèrent aussi notablement, par le pelage, de celui qui est propre à l'adulte ; tandis que de cet état au développement parfait de la vieillesse, on remarque encore quelques différences, à la vérité sans influence directe sur la détermination exacte de l'espèce.

---

[1] *Verhandelingen over de Natuurlijke geschiedenis der Nederlandsche Overzeesche Bezittingen*, *Zoologie*.

COLOBE OURSIN. *COLOBUS URSINUS.*

Les espèces de Colobes qui habitent les côtes de Guiné et d'Angole ressemblent par leurs formes sveltes, leur longue queue grèle, ainsi que par les moeurs et les habitudes, aux espèces nombreuses de Semnopithèques de l'Inde et de ses Archipels. Ils vivent en petites familles ou par paires; abandonnent fort rarement les lieux les plus touffus et les moins accessibles des grandes forêts, et se tiennent de jour habituellement vers la cime des plus hauts arbres. Leur nourriture consiste principalement en fruits et en feuilles, mais aussi en gros insectes; quelquefois les petits oiseaux deviennent leur proie. Ils franchissent par des sauts réitérés des espaces considérables, et parcourent ainsi les arbres de la forêt sans descendre à terre.

Bosman parle de cette espèce dans sa description de Guiné, page 35; il la désigne sous le nom de *Baardmannetje* (petit homme barbu). Il dit que ces animaux sont extraordinairement beaux; ils parviennent à la hauteur de deux pieds; leur pelage est plus long qu'un doigt de la main et d'un noir de jais, avec une barbe blanche, assez longue. On fabrique de leur peau les bonnets pour les *Tiéliés* que les nègres payent jusqu'à 4 *rijksdaalders*, 22 francs environ.

L'Effoe, nom sous lequel ce Colobe est connu des nègres de la côte, habite en grand nombre les forêts de l'intérieur, mais on se le procure difficilement en raison de son extrème défiance, de sa vie solitaire et de son séjour habituel à la cime des arbres les plus touffus. Les nègres de l'intérieur se servent de la peau du corps pour en faire des sacs et en couvrir les batteries de leurs fusils; ces peaux privées de la tête, des membres et de la queue, nous viennent quelquefois ainsi mutilées par la voie du commerce; dans cet état elles paraissent avoir servies au texte de quelques courtes notices; car, nous présumons que le *Fullbottom monkey* de Pennant, repose sur des indices vagues, ainsi que sur une figure inexacte, tracée à tout hasard sur des souvenirs incorrects.

Il paraît que jusqu'ici on a seulement eu connaissance des peaux mutilées de cette espèce, et que le premier individu adulte, en état parfait, à été observé par le voyageur Fraser; car, l'indication d'Ogilby de son *Colobus ursinus*, repose sur une partie de la dépouille d'un sujet adulte, manquant de tête et de pieds; puis, *Semnopithecus vellerosus* de Geoffroy, à été établi sur une dépouille également mutilée et absolument semblable à celles qu'on obtient ici par le commerce; peaux, dont les nègres font usage aux fins que nous venons d'indiquer.

Le *Colobe oursin* n'ayant point encore été décrit sur des dépouilles parfaites, les indications succinctes des deux sexes et de l'âge moyen ne seront point jugées superflues.

Le mâle adulte ou vieux a tout le corps, les parties postérieures de la tête et les quatre membres d'un noir parfait et lustré; sur le dos, les flancs et les limbes ces poils sont longs de 5 à 7 et jusqu'a 8 pouces, selon le sexe ou l'âge des individus ; ces poils noirs couvrent le dos et les flancs en forme de camail ou de mantille, absolument à l'instar de ceux d'un blanc pur dont le *Colobe guereza* d'Abyssinie est révétu [1]. Une grande tache grise occupe la partie supérieure des cuisses et elle s'étend jusqu'à la base de la queue ; la queue est d'un blanc pur, terminée par une houppe de poils plus longs ; la face nue est noire ; les côtés de la tête, la gorge et le menton sont garnis de poils longs et d'un blanc parfait, ceux du menton forment barbe.

Longueur totale du bout du nez à l'extrémité de la queue 4 pieds 8 pouces, dont la queue prend 2 pieds 8 à 9 pouces ; longueur des poils du camail 8 pouces ; souvent plus chez les vieux ; 4 pouces ou moins pour les femelles et dans l'âge moyen ; 3 pouces seulement au premier âge, revêtu de la livrée de l'adulte.

La femelle a les poils qui tombent le long des flancs beaucoup plus courts que ceux du mâle, mais elle lui ressemble du reste complétement.

Les jeunes passés l'âge d'un an, ressemblent aux vieux pour la distribution des couleurs de pelage : celui-ci

---

1) En faisant mention de ce singe propre à l'Abyssinie, nous saisisons l'occasion de faire connaître la livrée que porte le jeune de l'année, de cette belle espèce. Le pelage à cette période est d'un blanc terne, sur toutes les parties du corps et des membres ; ce n'est qu'après avoir revêtu sa seconde livrée, ou à l'âge d'un ou de deux ans, que son pelage prend la couleur propre à l'état adulte ; toutefois, sans être pourvu à cet âge du camail blanc, ni du gros flocon au bout de la queue.

est partout plus court et moins lustré. Le jeune dans la première période de l'âge ne nous est pas connu.

COLOBUS URSINUS, F r a s e r. *Zool. typ. pl.* 1.
Figure parfaite de l'adulte.

P a t r i c. Plusieurs individus des deux sexes, le squelette et des jeunes nous sont successivement parvenus; ils ont été pris dans les forêts de l'intérieur, près Dabocrom.

COLOBE FULIGINEUX. *COLOBUS FULIGINOSUS.*

C'est sous ce nom que M. OGILBY a donné en un couple de lignes [1], l'indication de cette espèce, parfaitement caractérisée par ce peu de mots; longtemps avant lui, KUHL en avait fourni une indication exacte, sous le nom de *Colobus Temmincki* [2], sur un sujet très vieux, acquis par moi à Londres lors de la vente du cabinet de Bullock, et qui se trouve maintenant dans nos galeries, où se voit aussi le crâne du même sujet. Quelques naturalistes ajoutent encore à ces synonymes l'indication très-succincte de PENNANDT [3], de son *Bay monkey*, mais les couleurs du pelage que l'auteur anglais signale en peu de mots, ne sauraient légitimer cette réunion; surtout

---

[1] *Proceed. of the Zoolog. Soc.* 1835, pag. 97.
[2] *Beiträge zur Zoologie*, 1820. p. 7.
[3] *Colobus ferruginosus* GEOFF. *Penn. Quad.* p. 313.

depuis que nous avons reçu d'Elmine plusieurs peaux,
à la vérité plus ou moins mutilées, mais exactement semblables par leur pelage, à l'individu décrit par Kuhl;
au-reste, l'individu parfait quoique non adulte, obtenu
récemment de la côte de Guiné par notre voyageur Pel,
vient de lever tous les doutes sur l'identité parfaite, comme sur l'origine et la patrie de notre Colobe. Nous en
donnons le signalement sur les peaux mutilées, ainsi que
d'après les deux sujets parfaits de notre musée.

Les auteurs qui ont créé les espèces nominales se rapportant toutes à la nôtre, n'ont point pris notice de l'âge
des individus; le pelage de ceux-ci variant plus ou moins,
selon l'époque de la vie.

Pelage, de longueur moyenne sur toutes les parties du
corps; très-lustré sur le dos dans l'adulte, terne chez les
jeunes. De longs poils divergents autour du front.

L'adulte, dans les deux sexes, a le cinus frontal
garni de longs poils noirs; le sommet de la tête est d'un
roux-noirâtre; la nuque, le dos, les épaules et les flancs
sont d'un noir plus ou moins intense et lustré; cette couleur passe, par demi-teintes, en un gris-noirâtre, principalement à la partie postérieure du dos, aux cuisses et à
la base de la queue; le gris-noirâtre des flancs passe
aussi par teintes, en un roux ardent qui couvre la partie
inférieure des côtés du corps, et cette couleur vive couvre également les joues, le menton, la face extérieure
des membres, les mains et la queue, à partir de quelque distance de sa base; celle-ci n'est point terminée
par un flocon; la face interne des membres est d'un

roux clair ; la poitrine et le ventre sont d'un roux blanchâtre.

Longueur totale 4 pieds 7 pouces, dont la queue prend 3 pieds 1 pouce, sur un très vieux mâle. Les sujets de taille moyenne n'ont que 3 pieds de longueur totale. Un jeune, problablement âgé de plus d'un an , a en longueur totale 2 pieds , dont la queue prend 13 pouces.

Un jeune qui n'a pas atteint l'âge de deux ans, a les poils du cinus frontal assez longs ; son pelage est terne et plus ou moins laineux. Le sommet de la tête est brun-noirâtre ; toutes les parties du dos qui sont d'un noir brillant et lustré dans l'adulte, portent une teinte noire-grisâtre , qui devient plus grise vers le croupion et aux flancs ; les joues et les membres sont d'un roux terne ; la face intérieure de ces membres , ainsi que tout le ventre, sont d'un blanc pur ; la queue est d'un brunnoirâtre. La livrée dans le premier âge, ne m'est pas connue.

Colobus ferrugineus Wagn. Schreb. *Suppl.* p. 308. — Colobus Pennanti du même auteur , est établi sur des peaux manquant les quatre pieds, une partie du ventre et le bout de la queue ; elles sont exactement semblables aux dépouilles qui nous arrivent en assez grand nombre de la côte par le commerce ; ce sont des sujets à l'âge moyen.

Patrie. Ce Colobe habite les vastes forêts de l'intérieur des parties occidentales de l'Afrique, le musée possède aussi une très-vieille femelle , tuée à Sierra-Leone.

COLOBE TYPE. *COLOBUS VERUS.*

Sous ce nom, bien mal choisi, M. van Beneden a décrit la troisième espèce de Colobe qui habite, ainsi que
les deux premiers, les contrées occidentales de l'Afrique.
M. Pel, quoique ayant séjourné près de dix ans à la
côte de Guiné, n'a eu qu'une seule fois l'occasion de se
procurer ce singe pendant le séjour de deux années, qu'il
fit à Dabocrom : un de ces nègres envoyé dans les vastes
forêts de voisinage, le mit à même de nous envoyer la
dépouille de l'espèce ; c'est une femelle d'âge moyen ;
l'individu décrit par M. van Beneden paraît être plus jeune, ce qui fait que l'état adulte n'est point encore connu.

Van Beneden, *Bullet. de l'Acad. de Brux.* vol. 5, p. 347,
avec pl. — Colobus olivaceus Wagn. Schreb. *Suppl.*
p. 309. — Colobus verus Pel *Bydrag. Nat. Art. Mag.*
avec une figure parfaite.

A juger d'après le crâne, il paraît que cette espèce
est moins grande que la précédente. Il paraît aussi que
le pelage du sommet de la tête est disposé de manière à
s'élever en crête coronale, partant du cinus frontal jusqu'à
l'occiput ; l'individu que nous possédons a ce caractère
bien marqué ; je l'indique ici avec doute et pour être vé-
rifié sur des sujets adultes et vieux, lorsque ceux-ci seront connus.

Le sommet de la tête, les joues, la nuque, le dos et la

base de la queue sont couverts de poils de longueur moyenne, d'un brun roux à pointe noire; cette teinte brune passe par nuances en un gris-terne, dont les parties extérieures des membres, les mains et la queue sont couverts; l'extrémité de cette dernière partie est un peu plus foncée; la partie inférieure des joues, les côtés du cou, la face intérieure des membres et tout le dessous du corps sont couverts d'un pelage clair-semé et d'un blanc cendré; la face noire est entourée de quelques poils longs et noirs.

Longueur totale 2 pieds 6 pouces, dont 17½ pouces pour celle de la queue.

L'individu du musée de Paris ainsi que celui de Leide, les seuls sur lesquels repose la description de cette nouvelle espèce, ne sont point encore parvenus à l'état parfait, quoiqu'ils soient peu éloignés de l'état adulte.

P a t r i e. Notre individu à été tué dans les forêts qui couvent le pays, non loin du village nègre Dabocrom, dans le pays des Fantes.

Les *Guenons* (C e r c o p i t h e c u s) comptent plusieurs espèces dans les contrées littorales de l'Afrique occidentale; les côtes de Guiné, de la Senégambie et d'Angole sont les plus riches en représentants de ce genre.

Les espèces qui s'y trouvent soit à demeure ou accidentellement, habitent les forêts dans le voisinage des rivières, où elles vivent réunies en grandes troupes; agiles et remuantes, mais le plus souvent farouches, d'approche difficile et se jettant dans l'épaisseur du bois ou du feuillage, à la moindre indice du danger; surtout les vieux qui sont d'une méfiance extrème.

GUENON DIANE. *CERCOPITHECUS DIANA.*

Cette espèce, la plus richement décorée par les belles couleurs de son pelage et par sa longue barbe blanche au menton, est trop bien connue, décrite et figurée pour en faire plus ample mention. Les peaux plates, assez souvent mutilées de la tête, des membres et de la queue, arrivent en Europe par le commerce et sont utilisées à divers usages; les nègres les employent également pour couvrir les bateries de leurs fusils et à plusieurs autres fins.

Les vieux mâles portent en longueur totale 4 pieds 1 ou 2 pouces, dont la queue prend 2 pieds 5 ou 6 pouces; les poils de la barbe sont longs de 3 à 4 pouces.

Les jeunes de l'année, dont la longueur totale ne dépasse pas 20 pouces, sur lesquels la queue prend 12 pouces, ont déjà à cet âge les poils blancs de la barbe faiblement prolongés, tandis que la bande frontale est indiquée. Tout le pelage est cotonneux et terne; celui du dos noir, unicolore et mat, sans aucun indice du marron vif et lustre à l'épine, même sans annelures aux autres poils du dos; celui des membres d'un noir grisâtre; la queue fauve, à sa base et son extrémité noirâtre; parties inférieures d'un blanc jaunâtre tern.

Le *Roloway* de Buffon est une *Diane* à l'âge d'un ou de deux ans.

P a t r i e. Habite les grandes forêts de l'intérieur, mais se montre rarement dans le voisinage de la côte. Les sujets obtenus au musée, par M. Pel, sont tous de Dabo-crom, aux confins du pays des Aschantes.

GUENON HOCHEUR. *CERCOPITHECUS NYCTITANS.*

Décrite et figurée dans plusieurs ouvrages ; déjà connue de Marcgrave et très-exactement figurée par F. Cuvier sur un sujet adulte. Elle est du petit nombre des espèces qui n'ont point encore été obtenues de notre voyageur ; mais que le musée possède depuis longtemps, d'un envoi d'objets recueillis dans le pays des Aschantes. Il est probable que cette Guenon vit fort loin dans l'intérieur et qu'elle se montre rarement à la côte.

GUENON BLANC-NEZ. *CERCOPITHECUS PETAURISTA.*

Sous l'épithète de *Blanc-nez* se trouvent indiqués dans le plus grand nombre des écrits, de jeunes individus, tandis que ceux à l'état adulte et les vieux, portent le nom de *Guenon ascagne.* C'est l'une des espèces les plus communes à la côte ; on la trouve fréquemment par bandes le long des bords de la rivière Boutry. Les vieux sont très méfiants et se laissent rarement approcher d'assez près pour les tuer.

Les dimensions de très-vieux sujets sont de 5 pieds 4 pouces; dont la queue prend 2 pieds dans le mâle. La femelle mesure seulement 3 pieds, sur lesquels la queue prend 1 pied 8 pouces.

GUENON MOUSTAC. *CERCOCEPHALUS CEPHUS.*

Cette espèce, quoiqu'en disent les auteurs, ne vit point à la côte de Guiné; elle habite plus vers le nord, à la côte de Sierra-Leone, d'où les deux sujets du musée des Pays-Bas sont aussi originaires.

WAGNER dans SCHREBER *Supp.* est le seul auteur qui donne la description du pelage parfait de l'adulte.

CERCOPITHECUS ERYTHROTIS, figuré par FRASER, *Zool. typ.* pl. 4, n'a non plus été trouvé par M. PEL ; cette espèce, quoique assez voisine par ses formes de la Guenon moustac, en diffère néanmoins essentiellement ; elle constitue une espèce distincte qui habite vers le sud, dans l'île de Fernando-po.

GUENON A GORGE BLANCHE. *CERCOPITHECUS ALBOGULARIS.*

Le colonel Sykes et le professeur Owen ont fait connaître, en 1830, cette espèce rare dans les collections et peu connue des naturalistes; mais on n'a pu s'assurer jusqu'ici de la demeure certaine de l'espèce; les uns indiquent Madagascar, les autres Zanzibar comme lieu de provenance. Les sujets envoyés récemment par M. Pel, servent à constater que cette Guenon habite les côtes occidentales de l'Afrique, et ils peuvent servir aussi à nous assurer de la parfaite identité spécifique du *C. Albogularis*, décrit par le colonel Sykes et du *C. Monoides*, décrit par le professeur Geoffroy, sur un individu vivant au jardin des plantes; mais dont *l'habitat* n'était point connu.

Cette espèce ressemble par la nature du pelage, par la taille et par les formes, au *Cercopithecus chimango* de la côte orientale d'Afrique; espèce découverte dans la Caffrerie par M. Wahlberg, et décrite par le professeur Sundevall; mais ces deux Guenons diffèrent essentiellement par les couleurs du pelage; celui du présent article, ayant le dos annelé de roux et de noir, tandis que le *Chimango* est rayé de gris et de noir.

Le mâle, très-vieux, a en longueur totale 3 pieds 8 ou 9 pouces, dont la queue prend 4 ou 5 pouces.

Cercopithecus albogularis Sykes, Fraser *Zool. typ.*

pl. 2, figure peu soignée. — CERCOPITHECUS MONOIDES, Geoff. *Archiv. du Mus.* pag. 588, pl. 31, figure très-exacte.

Patric. Plusieurs individus ont été reçu au musée; deux de ceux-ci sont de M. PEL et viennent de la rivière Boutry; un autre provient des factoreries anglaises de la côte de Guiné.

GUENON DE CAMBEL. *CERCOPITHECUS CAMBELLI.*

Le premier qui ait fait mention de cette espèce, encore peu connue, est le voyageur anglais FRASER; il en donne une fort bonne figure accompagnée d'indications, auxquelles nous ajoutons les détails nécessaires, pour qu'on ne confonde point cette Guenon avec le *Cercopithecus Mona* des méthodes.

FRASER dit que la *Cambelli* ne diffère de la *Mona* que par le grand espace blanc à l'origine de la queue; nous ajoutons à ce caractère unique, ceux non moins caractéristiques des dimensions, à âge égal plus fortes chez la première; la queue est proportionnellement beaucoup plus longue que dans la seconde; la plus grande partie du dos et tout le train de derrière sont d'un noir parfait; les poils des abajoues ou les favoris, sont plus touffus; ils sont gris annelés de noir, à bout terminal jaunâtre; tandis que chez la *Mona* ces favoris ont moins d'ampleur

et que la couleur du pelage est jaunâtre à pointe noire;
les poils du front sont blanchâtres chez celle-ci et roussâtres dans la *Cambell;* elle a toute la queue d'un noir parfait; la *Mone* a la grande moitié terminale de ce membre d'une teinte grise, entremêlée de poils noirs; celle-ci
nous vient de la Sénégambie et la *Cambell* de la Guiné.

Longueur totale 3 pieds 5 ou 6 pouces, sur laquelle la
queue prend 2 pieds 1 ou 2 pouces.

CERCOPITHECUS CAMBELLI Waterh. *proc. Zool. Soc.* 1838,
pag. 61. — Fraser *Zool. typ.* pl. 3, figure exacte, faite
sur un individu qui n'était pas encore complétement développé et dont le pelage n'avait point acquis tout son
lustre.

Les individus à l'état de semi-adulte, dont la longueur
totale porte 2 pieds 9 à 10 pouces, sur laquelle la queue
prend 17 à 18 pouces, ont le pelage de la tête, du cou
et du dos, annelé de roux et de noir, sur un fond gris-
cendré, tandis que les flancs sont colorés plus distincte-
ment par cette dernière teinte; la partie postérieure du
dos, la base et la plus grande partie de la queue, ainsi que
la face extérieure des pieds postérieurs sont d'un noir
terne, légèrement grisâtre, cette dernière teinte étant
plus ou moins apparente vers l'extrémité des poils; milieu de la queue d'un cendré roussâtre entremélé de
poils noirs; les favoris sont peu touffus, d'un cendré
clair à bout terminal roussâtre; tout le reste du pelage
est comme chez les vieux.

Les jeunes de l'année, ne portant que 17 pouces 6
lignes en longueur totale, sur laquelle 11 pouces pour la

queue, ont tout le dos, à partir de l'occiput à la base de la queue, d'un roux foncé, à pointe des poils noire ; la première moitié de la queue d'un roux très-clair, l'autre noire; les quatre membres extérieurement gris-cendré à pointe des poils roussâtre; sommet de la tête, gris roussâtre, mêlé à claire-voie de poils noirs ; front roussâtre clair. La face nue dans l'adulte, est d'un bleu-noirâtre et les lèvres sont couleur de chair ; chez les jeunes, elle est totalement de cette dernière teinte.

Patrie. Le musée des Pays-Bas en a reçu plusieurs individus des deux sexes et dans tous les âges ; ils ont été tués sur les bords de la rivière Boutry, côte de Guiné.

GUENON DIADÈME. *CERCOPITHECUS. LEUCAMPYX.*

Je fais ici mention de cette belle espèce de l'Afrique occidentale, quoiqu'elle ne nous soit point parvenue par les soins du voyageur, dont nous publions les travaux. Les deux individus, mâle et femelle à l'état parfait d'adulte, ont été obtenus au musée de la côte d'Angole; c'est aussi de cette contrée que le musée de la Société Zoologique de Londres a reçu l'individu indiqué par une courte diagnose de M. GRAY, et qu'il nomme *Cerc. pluton;* il en donne, dans l'édition illustrée des *Proceedings,* une figure parfaite. F. CUVIER en a fourni une figure moins correcte, sous le nom de *Diane femelle.* Ces guenons portaient depuis bien des annécs, dans notre musée, le nom de *dilophos*, sous lequel M. Ogilby en a fait mention dans la ménagerie des singes, pag. 345. Nous en don-nons ici la description plus complète.

Tête, cou, partie du dos correspondante à l'omoplate; cuisses, face interne et externe des membres, les mains, le ventre et la queue d'un noir parfait; le dos, à partir de l'omoplate jusqu'à la base de la queue, ainsi que les flancs, sont couverts de longs poils régulièrement annelés de gris cendré et de noir, couvrant ces parties d'un am-ple camail; les favoris des joues, touffus et annelés de blanchâtre et de noir; menton d'un blanc pur; une large bande blanche surmonte le cinus frontal du mâle; la fe-melle a cette bande d'un gris-cendré; face noire, mais les paupières claires.

Taille de la guenon *Diane*, mais plus voisine des *Man-gabeys* par les paupières colorées d'une teinte livide.

Longueur de l'adulte 5 pieds 3 à 4 pouces, sur laquelle la queue prend 1 pied 9 lignes.

Cercopithecus leucampyx Fisch. *Syn. Mam.* — Cerco-pithecus pluto Gray *Proc. Zool. Soc.* 1848. p. 66. — Guenon diadême F. Cuv. *Mamm.* avec une bonne figure. — Cercopithecus dilophos Ogilby *Monkeys*, pag. 345. — Cercopithecus diadematus. Voy. Geoff. dans Bérang. *Voy.* pag. 51.

Patrie. Habite la côte d'Angole.

GUENON LUNULÉE. *CERCOPITHECUS LUNULATUS.*

Espèce distincte dans le groupe des Mangabeys, qu'il ne faut point confondre avec le Mangabey de Hasselquist, à peu-près unicolore, qui habite l'Ethiopie orientale, ni avec le Mangabey à collier blanc et calotte rougeâtre, qui vient de l'Ethiopie occidentale.

Pelage long, soyeux et peu fourni; une grande tache de poils fauves à l'occiput. Sommet et parties postérieures de la tête d'un gris noirâtre, à l'occiput une grande tache de longs poils d'un fauve roussâtre; toutes les autres parties supérieures d'un gris de souris ou fauve grisâtre, sans autres dessins qu'une bande noire sur l'épine dorsale; celle-ci s'étend à partir de la nuque et aboutit à l'origine de la queue; partie supérieure de la queue, noire; l'inférieure blanche; parties supérieures du corps et face intérieure des membres, couverts de poils clair-semés et d'un blanc terne. Les doigts sont couleur de chair; la face est de couleur livide à teinte orange; les lèvres et l'arrète du nez sont brunes; les paupières ont une teinte rose livide. *Les adultes et les vieux.*

Les jeunes ont, dès le premier âge, la tache occipitale bien dessinée; elle est alors d'une teinte légèrement roussâtre; il n'en est pas de même de la bande sur l'épine dorsale, qui n'est point ou bien faiblement tracée;

tout le pelage des parties supérieures du corps, des membres et de la queue est d'une teinte roussâtre claire.

Longueur de l'adulte 5 pieds 5 ou 4 pouces, sur laquelle la queue prend 1 pied 7 pouces, mesure prise sur plusieurs sujets adultes; mais à système dentaire point encore totalement développé.

Patrie. Habite les forêts qui bordent la rivière Boutry, côte de Guiné.

Le genre *Papio*, ou les singes Cynocephales, paraît avoir aussi un représentant sur les côtes occidentales de l'Afrique, comme il en a dans les parties méridionales, dans les espèces du *Papio sphinx* et *porcarius*, ainsi que par les *Papio Thoth*, *Hamadryas* et *Cynocephalus* des parties orientales et du nord de ce continent; du moins, M. Pel nous a communiqué avoir vu à Acra un singe cynocéphale, dont il négligea de prendre la description et que depuis il n'a pu se procurer, quoique les renseignements obtenus par les nègres, soyent venu confirmer l'existence probable d'un animal de ce genre, à la côte de Guiné.

Ce n'est qu'avec doute que je hasarde de signaler, comme un habitant de cette partie de l'Afrique, une espèce décidément, nouvelle qui depuis 1820, fait partie de nos collections et dont l'origine certaine ne m'est point connue; mais que je sais avoir été apporté dans ce pays, par un vaisseau qui avait fait échelle dans les possessions anglaises, danoises et hollandaises de la côte occidentale.

Il me paraît intéressant de fournir ici la description de ce singe nouveau, dont *l'habitat* n'est point déterminé, mais qui sans nul doute, est d'Afrique ; je le désigne provisoirement sous le nom de :

CYNOCÉPHALE ROUGE. *PAPIO RUBESCENS.*

Pelage long , garni de poils soyeux plus longs que ceux-là : la queue terminée en pinceau ; des poils soyeux et longs couvrent les doigts et dépassent les ongles des membres postérieurs.

Le museau n'est pas aussi proéminent que dans les autres *papions;* la face est d'un gris blafard et le pourtour des yeux d'une teinte livide. De longs poils garnisent le cinus frontal. Un brun rougeâtre couvre le sommet de la tête ainsi que l'espace entre les yeux et les oreilles ; mais la région des abajoues est blanchâtre ; tout le pelage des parties supérieures du corps , les flancs, les bras et les cuisses ont une teinte rousse rougeâtre ; les poils soyeux , longs de 4 a 5 pouces qui couvrent ces parties , sont annelés de larges bandes rousses claires et brunes ; le pelage des avant-bras et du bas de la jambe, des mains et de la queue est court et d'une teinte rousse plus décidée ; les doigts des quatre mains sont garnis , à claire-voie, de longs poils d'un cendré blanchâtre , et ceux-ci dépassent de quelques lignes les ongles des extrémités postérieures : la queue est terminée par une petite touffe de poils ; les parties inférieures du corps , ainsi que la face intérieure des membres , ont le pelage clair-semé , d'un gris blanchâtre.

Voici les dimensions prises sur un individu femelle, semi-adulte, dont les canines ne sont développés que jusqu'au niveau des incisives.

Distance du bout du museau à l'origine de la queue 17 pouces 6 lignes ; de la queue 14 pouces 6 lignes ; du bout du museau à l'occiput 5 pouces 6 lignes.

P a t r i e. Habite l'Afrique occidentale, mais on ignore quelle partie de cette grande étendue des côtes.

GALLAGO D'ALLEN. *OTOLICNUS ALLENI.*

Jusqu'à ces derniers temps, l'on n'a trouvé dans les parties occidentales de l'Afrique, dont nous nous occupons, que l'espèce de Galago, indiqué sous le nom de *Otolicnus senegalensis*, qu'ADANSON découvrit au Sénégal, et dont SCHREBER a fait son *Lemur galago*, espèce que SMITH rencontra depuis dans la Caffrerie occidentale, et à laquelle il donna le nom d'*Otolicnus moholi*, sans se douter, qu'il imposait un nom nouveau à une espèce connue depuis longtemps. Notre musée a obtenu un de ces sujets pris par SMITH en Caffrerie ; il m'a servi à constater l'identité parfaite de son animal avec celui de la Sénégambie, ainsi qu'avec celui d'Egypte et du Sennaar : tous sont pourvus de quatre incisives supérieures, et non pas de deux, comme ce nombre se trouve indiqué dans les systèmes.

Depuis ce temps, l'on a trouvé dans la partie occidentale, arrosée par la Gambie, une autre espèce indiquée très-succinctement dans les *proceedings* sous le nom *Oto-licnus Alleni*, et récemment une troisième, décrit dans l'article suivant.

Octolicnus Alleni est environ d'un quart plus grand dans toute les dimensions que *Senegalensis*, la queue est touffue, depuis la base jusqu'à la pointe ; le pelage est très-cotonneux et les teintes en sont sombres. Le nombre des dents est absolument le même que dans *Senega-lensis*, c'est à dire 4 incisives par paires à la machoire supérieure et 6 déclives et minces à l'inférieure.

Le pelage long, cotonneux et feùtré est, pour les parties supéricures du corps, d'un brun légèrement nuancé de roussâtre, l'extrème pointe seulement des poils étant de cette dernière teinte ; les parties supérieures des quatre membres sont plus rousses, en ce qu'une plus grande étendue de l'extrèmité des poils porte cette teinte couleur de rouille. La tête, la face et la nuque sont noires à bout des poils grisâtre. Toutes les parties inférieures du corps, ainsi que la face interne des membres, sont d'un blanc-grisâtre. La queue, pourvue dans toute sa longueur de poils longs et touffus, est noire. Les très-grandes oreilles sont nues et de même que la partie nue du museau noires.

Longueur totale 18 pouces, sur laquelle la queue prend 11 pouces ; distance du bord antérieur des yeux à la pointe du nez 8 et demi lignes ; hauteur des oreilles 1 pouce 5 lignes.

Otolicnus Alleni, Waterh. *Proceed. Zool. Soc.* —
Otolicnus garnetti, Ogilb. *Proceed. Zool. Soc.* 1838. —

Galago alleni, Schintz, *Synop. Mamm.* Vol. I. p. 111. sp. 5.

Patrie. Habite l'Afrique occidentale. Waterhouse donne comme lieu de provenance l'île de Fernando-po. L'individu du musée des Pays-Bas est une vieille femelle, portant indication de Cape-Coast.

GALAGO DE PEL. *OCTOLICNUS PELI.*

J'ai été longtemps indécis sur le choix du nom, pour désigner cette espèce avant de l'introduire, comme nouvelle, dans le cadre méthodique des animaux. Un jeune individu de l'année, sans aucune détermination de patrie que notre musée possède depuis bien des années, m'avait toujours paru représenter l'animal indiqué, fort superficiellement, par M. Fischer de Moscou, sous le nom de *Galago de Demidoff*[1]. Toutefois, cette espèce adoptée sous ce nom dans les catalogues méthodiques, n'a jamais été vue depuis par aucun naturaliste; ce fut aussi sans parvenir à quelque donnée concluante que je fis

---

[1] L'auteur cité en donne la note suivante. — Elle a la grosseur d'une souris, des oreilles nues, et une longue queue très-touffue. Son poil est roussâtre, son dessous grisâtre et le cou noirâtre. Des poils très-longs en forme de moustache couvrent les coins de la bouche, les joues et le coin de l'oeil. Voir Fischer, *Mémoires de la société des naturalistes de l'université impériale de Moscou*, Vol. 1. pag. 24, année 1806 et pl.

des recherches, pour tâcher de découvrir dans les collections le type, sur lequel le naturaliste russe avait établi sa diagnose, lorsque par les soins de notre voyageur M. Pel, nous sont parvenus deux très-jeunes individus, absolument semblables à celui que le musée possédait, ainsi qu'un troisième sujet dans l'âge de semi-adulte, et récemment un vieux mâle et une vieille femelle de cette espèce. Dès lors, certain de *l'habitat* de notre animal, le doute m'est resté relativement à l'espèce; mais, en comparant mes trois jeunes individus, qui sont en effet de la taille d'une souris, à la courte notice publiée par M. Fischer, de son *Galago de Demidoff*, qu'il dit être de cette taille et originaire du Sénégal, je n'ai pu trouver sur aucun de nos sujets, *des poils très-longs en forme de moustache, couvrant les coins de la bouche, les joues et le coin de l'oeil*, ainsi que le marque l'auteur russe; par contre, il ne fait point mention dans sa description, d'une bande blanche sur le nez, caractère prononcé et remarquable dans tous les âges sur les individus de notre espèce; ces deux indices, dont l'un positif et l'autre négatif, me portent à donner à notre animal, comme espèce encore inédite, le nom du jeune naturaliste qui vient de la découvrir.

Le pelage de ce *Galago* est cotonneux, frisé et bien fourni; ses oreilles sont grandes et noires; une petite raye blanche est placée sur l'arrête du nez; la queue est longue, très-velue.

Sommet de la tête, nuque, dos et face extérieure des membres d'un brun roussâtre terne, ayant la base des poils d'un gris-noirâtre mat; une petite bandelette blan-

che est étendue sur le nez, à partir des naseaux jusqu'au niveau des sourcils; la partie inférieure du cou,
le ventre, les flancs et la face intérieure des membres
sont d'un roux clair, nuancé sur la poitrine d'une légère teinte orange qui domine aussi au-dessous des oreilles, en une bande longitudinale; la queue, plus longue
que le corps et la tête, est couverte de poils soyeux,
longs et bien fournis, d'un brun foncé à pointe argentine; oreilles grandes et nues; l'ongle du doigt indicateur
postérieur relevé en éperon.

Longueur 13 pouces 5 lignes, sur laquelle la queue
prend 7 pouces. Mesure prise sur un mâle et une femelle, adultes.

Un autre individu semi-adulte, de sexe féminin, a le
dessus du corps et la tête d'une teinte plus roussâtre
que le précédent; la base de la queue est colorée aussi
de la même teinte; les poils de cette queue sont plus
courts et non lustrés à la pointe.

Longueur totale 7 pouces 6 lignes. Les jeunes de l'année, de la taille d'une souris, sont longs seulement de
6 pouces 2 ou 3 lignes.

Tout leur pelage supérieur, celui des membres et toute
la queue sont d'un roux ardent; les poils de cette dernière partie sont de longueur égale à ceux du dos; les
parties inférieures ainsi que la face intérieure des membres d'un blanc roussâtre; la bande blanche sur le nez
n'est que très-faiblement tracée, mais distincte.

La manière de vivre de cette espèce est complétement

nocturne; de jour elle ne se montre point, se tenant alors blottie et enroulée sur elle-même dans les trous des arbres forestiers. M. PEL ne trouva dans l'estomac que des débris d'insectes. C'est dans les forêts non loin de Dabocrom, ou village nègre de Dabo, qu'il en fit la capture.

LE POTTO DE BOSMAN. *PERODICTICUS POTTO.*

Il est peut-être utile de rappeler à la mémoire, qu'en donnant aux singes d'Afrique qui manquent de pouce au pieds de devant, le nom de *Colobus*, c'est afin de les distinguer de ceux classés dans le genre *Semnopithecus* de l'Inde, munis d'un pouce distinct; il est aussi nécessaire, pour peu qu'on veuille se montrer conséquent, de donner à l'espèce qui nous occupe ici, un nom générique qui puisse servir à l'isoler des espèces comprises dans le genre *Stenops*, avec lesquels il conviendrait de le réunir méthodiquement, s'il ne présentait point d'anomalie dans l'extrème brièveté du doigt indicateur des pieds de devant, ainsi que de quelques vertèbres de plus à la queue, seuls caractères par lesquels notre quadrumane s'éloigne des vrais *Stenops* de l'Inde.

Car, d'ailleurs, la présence d'un pouce aux mains, son absence totale, ou bien l'état rudimentaire de ce membre ne peuvent influer sur les moeurs, les habitudes, ni le genre de vie de ces animaux; personne ne nous contestera ces faits; mais c'est tout simplement un moyen artificiel qui , employé zoologiquement , est fort convenable comme sous-genre, et lorsqu'on veut qualifier par un substantif, une coupe secondaire dans un groupe bien determiné. Hors donc que l'on isole le *Potto* de *Bosman* sous le nom de *Perodicticus*, ou bien qu'on en forme une section sous celui de *Stenops*, il n'en appartiendra pas moins à cette dernière coupe, composée d'espèces ayant le même genre de vie, des habitudes identiques, une même formule dentaire et des formes annalogues [1].

Le *Potto*, cet animal remarquable, dont parle Bosman et qu'il indique superficiellement dans la relation de la côte de Guiné, ouvrage que cet employé du Gouvernement néerlandais a publié en 1703, est demeuré inconnu aux naturalistes pendant plus d'un siècle. Gmelin, il est vrai, en a fait mention sous le nom de *Lemur potto*, dans la 13e édition du *Systema naturae* de Linné, publiée en 1788, et il le classa à tout hasard dans cette coupe générique, guidé seulement par les indices superficiels puisés á la source indiquée. En 1831, la Société Zoologique de Londres obtint le premier individu parvenu en Europe depuis la mention que Bosman en avait fourni. Cet individu, quoique très-jeune, à peine parvenu à la moitié du développement parfait, put, non obstant, servir à constater l'existence d'un animal, au sujet duquel plu-

---

[1] Ce n'est pas la première fois que je fais part de cette idée; elle se trouve déjà adoptée dans mon Tableau méthodique des mammifères, voir page XVI, genre *Stenops*, 1827.

sieurs naturalistes commençaient à émettre le doute, et qu'on croyait fabuleux [1]. Ce ne fut qu'en 1835, que notre musée obtint un jeune individu, à peu-près de même âge que celui reçu à Londres; le même dont M. le Professeur VAN DER HOEVEN a fait mention et dont il donne une figure [2]. En 1848 nous parvint, par les soins de M. PEL, un mâle adulte conservé à l'esprit de vin, dont M. VAN DER HOEVEN obtint également la communication, et sur lequel il établit son mémoire cité dans nos synonymes. En 1850 M. PEL nous adressa le troisième individu, une très-vieille femelle, ainsi que le squelette de cet animal remarquable. Ces materiaux me servent à établir définitivement les caractères zoologiques qui font le sujet du présent article; l'ostéologie et la partie anatomique se trouvent suffisamment indiquées dans le travail de M. VAN DER HOEVEN. La Société Zoologique d'Amsterdam vient de publier dans ses actes, un portrait colorié et de grandeur naturelle, du bel individu femelle, déposé dans notre musée. Ces materiaux réunis ne laisseront plus guère à désirer relativement à la connaissance exacte d'un être aussi curieux que l'est le POTTO DE BOSMAN.

Pelage cotonneux, abondant, serré, de longueur moyenne et frisé vers la pointe des poils.

Le mâle adulte a le pelage de la tête, des joues,

---

[1]) Voyez, *Proceed. Zool. Soc.* 1831, pag. 109.
[2]) Voir, *Bijdragen van de Lemur, Tijdschrift voor Natuurkunde en Physiologie*, Vol. II.

de la nuque, du dos, des membres postérieurs ainsi que la queue, d'un roussâtre clair ; sur toutes les parties du dos cette couleur est nuancée de teintes plus foncées d'un brun roussâtre vif ; mais la fine pointe des poils est plus claire et comme lustrée. La face extérieure de l'humerus est d'un roux vif ; la partie supérieure de l'avant bras est d'une nuance moins foncée, tandis qu'à sa partie inférieure la pointe des poils est lustrée. Le dessous du corps et la face intérieure des membres ont un pelage moins abondant quoique frisé, et toutes ces parties sont d'un blanc roussâtre. La queue est terminée en forme du pinceau, et cette pointe est noire. Les oreilles trés-arrondies et dépassant peu le pelage, sont nues ; quelques poils courts et clair-semés en garnissent le bord supérieur.

La femelle adulte se distingue par les teintes brunes, dont le pelage est nuancé, tandis que la livrée du mâle porte différentes teintes rousses. La base des poils est d'un cendré foncé, puis d'un brun clair ; ils passent au brun noirâtre, et leur fine pointe est d'un brun argentin ou lustré ; cette teinte argentine est plus évidente sur la partie inférieure de l'avant bras, ainsi qu'aux mains, vu qu'une plus grande étendue de l'extrémité est ainsi colorée ; toutes les parties inférieures qui chez le mâle sont nuancées de roussâtre, portent une teinte blanchâtre terne chez la femelle.

La taille des individus à l'état adulte, dépasse celle des deux espèces de *Stenops* de l'Inde. — Le plus grand de nos sujets porte en longueur totale 15 pouces 7 lignes, sur laquelle la queue prend 3 pouces 6 lignes. Hauteur de l'oreille 7 lignes ; distance du bord antérieur des yeux à la pointe du nez 7 a 8 lignes.

Un jeune individu, à l'état de semi-adulte, mesurant seulement en longueur totale 9 pouces, dont la queue prend 2 pouces 3 lignes, est couvert d'une livrée plus touffue et plus longue que ne l'est celle des vieux ; ce qui lui donne une apparence plus ébourifée ou frisée. L'individu que nous avons sous les yeux étant du sexe féminin, son pelage porte déjà des teintes cendrées, tandis qu'un fragment de peau d'un sujet mâle de même âge, offre des teintes généralement rousses ; mais la différence entre les jeunes et l'adulte se remarque principalement, en ce que chez les premiers, tout le pelage à partir du cou jusqu'à l'extrémité des membres et de la queue, est pourvu de longues pointes d'un blanc lustré. Il est présumable que les bouts de ces poils disparaissent en s'usant, vu que le pelage de l'adulte est plus court et que seulement la fine pointe des poils est lustrée.

LEMUR POTTO Gmel. *Linn. Syst. Nat.* — NYCTICEBUS POTTO Geoff. *Ann. Mus.* Vol. 19. p. 665. — GALAGO GUINEENSIS Desm. *Mamm.* p. 104, n° 127. — PERODICTICUS GEOFFROYI Benn. *Proceed. Zool. Soc.* 1831, p. 109. — PERODICTICUS POTTO Wagn. Schreb. *Säug. supp.* p. 288. — LUIAARD POTTO Bosman, *Beschrijv. van Guinea*, p. 31. tab. fig. 4. LEMURIDAE ET PROSIMII van der Hoeven *Tijdschr. voor Nat. Gesch. en Physiol.* Vol. 11. pag.   pl. *un jeune individu.* — OVER DE POTTO VAN BOSMAN id. *Verhand. van het Instit.* Vol. 4, *avec deux planches, Anat. et Ostéol.* —

Stenops potto Pel, *Bijdr. tot de dierkunde*, pl. *Le mâle grandeur naturelle.*

Patrie. M. Pel a obtenu les sujets que nous venons de décrire, de la Fantie, dans les forêts voisines, de Dabocrom, côte de Guiné.

Un individu adulte, vivant, tenu captif pendant quelques mois par notre voyageur, l'a mis à même d'observer, qu'en l'état de repos il s'enroule, en portant la tête sur la poitrine et passant autour de la nuque les quatre jambes, en les croisant les unes sur les autres ; il passe ainsi, sans bouger, la plus grande partie du jour ; ce n'est que vers le déclin du soleil qu'il paraît abandonner l'état de torpeur et qu'il dégourdit les membres en les étendant alternativement ; mais, lorsque la nuit est venue, il se met en mouvement, sans discontinuer un seul instant de se remuer dans tous les sens ; dès-lors ses mouvements loin d'être lents et difficiles, comme le dit Bosman, sont plutôt incessants, mais réflèchis et précis, et sous ce rapport Bosman a été mal inspiré en l'associant par rapport à ces allures lentes, aux tardigrades.

On le nourrisait durant sa captivité de fruits, principalement de ceux du *Bannanier* et du *Papayer* ; il paraît aussi que les fruits forment sa nourriture habituelle à l'état de liberté. Son naturel et ses habitudes le portent à choisir pour demeure, pendant le jour, les lieux les plus solitaires de la forêt ; il se dérobe alors à toutes les poursuites en se cachant dans les cavités des gros arbres séculaires, qui, le plus souvent, ne tombent que sous la hache du temps ; il s'en suit que sa rencontre de jour

dépend de circonstances extraordinaires, tandis que sa
capture pendant la nuit est accompagnée de maintes difficultés. Il n'est dès-lors point étonnant qu'il soit rare et
peu connu, même dans les contrées où il paraît se trouver réuni en grand nombre. Du reste l'expérience en
fait foi ; vu que, non obstant les promesses de récom-
penses faites par M. Pel à ses nègres, il ne put obtenir que deux individus pendant le séjour assez long
qu'il fit dans l'intérieur ; encore ces captures ne furent-
elles dues qu'a des circonstances fortuites.

Les cheiroptères frugivores paraissent être
moins nombreux en Afrique qu'ils le sont dans l'Inde
continentale ; tandis que leurs troupes voraces se trouvent encore bien plus multipliées en nombre comme en
espèces dans les îles de l'Archipel malais, contrée du
globe qu'on peut citer, à juste-titre, comme séjour de
prédilection de ces animaux destructeurs des fruits. Cette
grande abondance d'espèces de cheiroptères frugivores
réunies dans cette partie tropicale de l'Asie, s'y trouve
en raison de la diversité remarquable, ainsi que de la
quantité d'arbres fruitiers, composant les vastes masses
de forêts qui couvrent la majeure partie de ces îles ver-
doyantes, toutes couvertes de nombreuses espèces de fi-
guiers (ficus), dont les fruits succulents servent de nourriture principale aux *Roussettes*.

En comparant ces moyens d'existence et ces resources
alimentaires que peuvent offrir aux cheiroptères les voûtes sombres mais riches en arbres fruitiers de l'Archipel,

au nombre bien plus limité de ces arbres qui croissent dans les plaines boisées de l'Afrique, où la végétation forestière restreinte, ne se montre vigoureuse et grandiose que dans le voisinage des fleuves et des amas d'eau; on peut dès-lors attribuer à ces disparités locales, la cause du manque de grandes espéces de roussettes en Afrique; comme aussi l'existence en bien petit nombre, de celles de taille intermédiaire. Le grande île de Madagascar, couverte d'imenses forêts, mais dont la Faune nous est à peu-près inconnue, se trouve être la première terre dépendante du continent Africain, où se voient des roussettes d'une dimension, approchant de celle des espéces de l'Archipel, parmi lesquelles on en trouve plusieurs de fort grande taille, portant une envergure de trois et de quatre pieds.

En effet, comparativement au grand nombre d'espèces de *Roussettes* et de *Pachysomes* de l'Inde et de ces Archipels, que nous avons pu énumérer successivement dans nos mémoires, publiés sous le titre de *Monographies de mammalogie* [1], il ne s'en trouve jusqu'ici qu'un nombre bien minime qui habitent le continent africain, ainsi que les îles disséminées le long de la vaste étendue de ses côtes. Trois habitent les parties méridionales; le nord ne nous en fournit que deux, et la longue filière des côtes orientales et occidentales, de fait encore peu explorées par les naturalistes, n'en comptent pas au-de-là de quatre bien déterminées. Des denx espèces qui ont été

---

[1] *Monographies de mammalogie*, Vol. 1. pag. 157 et Vol. 2. pag. 69 et 359.

trouvées à la côte de Guiné, la primière, *Pteropus stramineus*, nous était déjà connue par des sujets originaires
du Sennar ainsi que du Sénégal; la seconde, *Pachysoma
Whitei*, paraît être toute aussi répandue quoique moins
connue; on la trouve depuis la Guiné jusqu'au Congo, ainsi
qu'à la côte orientale, peut-être encore plus vers le
midi, dans la Caffrerie; cette dernière a été décrite et
figurée par M. Bennet, sur un sujet unique, de sexe masculin [1]. Nous avons obtenu ces espèces en individus des
deux sexes ainsi que dans le jeune-âge, ce qui nous met
à même de compléter les indications fournies sur leur
compte dans les Monographies de mammalogie. Pour
ce qui concerne les deux autres espèces de la côte occidentale, indiquées par M. Ogilby, voir *Proceedings*, et
dont nous fîmes textuellement mention dans les Monographies, sous les noms de *Pteropus gambianus* et *macrocephalus*, nous ne les connaissons encore jusqu'ici que par
les susdites indications de notre savant ami, sous le nom
duquel elles se trouvent de nouveau inscrites dans ces
esquisses. Toutefois, en consultant de nouveau l'article
des *Proceedings* où il est fait mention, par M. Ogilby, du
système dentaire des deux *Pteropus* indiqués, nous leur
trouvons le même nombre et la même forme de dents
molaires, absolument semblable à ce que nous avons exa-
miné dans *Pteropus Whitei*; et concluons d'après ces

-----

[1]) Les individus que notre musée vient de recevoir de la Guiné,
ainsi qu'une vieille femelle capturée par le zèlé voyageur suédois
M. Wahlberg, dans la Caffrerie me mettent à même de constater que
le *Whitei* n'est pas un *Pteropus*, mais qu'il doit être classé dans le
genre *Pachysoma*; voir notre article *Pachysoma Whitei*.

donnés, que les deux espèces mentionnées sont de vrais *Pachysomes*; ce qui nous les fait classer ici dans cette coupe.

ROUSSETTE PAILLÉE. *PTEROPUS STRAMINEUS.*

Plusieurs individus conservés à l'esprit de vin, reçus de la Guiné, nous mettent à même d'ajouter encore quelques détails zoologiques propres à cette espèce, décrite dans les *Monographies* vol. 2 pag. 84, sur des sujets originaires du Sénégal et du Sennar.

La membrane alaire des flancs prend son attache au corps, à petite distance de l'épine dorsale, ce qui fait que le dos n'est couvert de poils, qu'en un ruban large d'un pouce environ. La queue est très-courte, terminée par un tubercule. Tout le pelage est lisse, très-court et rare.

Le mâle a la région des côtés et du devant du cou ornés d'un demi collier, jaune-doré à pinceaux de poils onctueux un peu plus longs, et qui sont divergents d'un centre commun; ces touffes de poils, plus ou moins distinctes et longues selon l'âge des individus, ont une teinte jaunâtre; chez de très-vieux individus elles sont d'un jaune-rougeâtre. En dessus, le pelage est d'un jaunâtre terne ou d'un blanchâtre terne, à pointe des poils brune ou cendrée; milieu du dos ainsi que la croupe d'une teinte brune, circonscrite de chaque côté par une petite bande de poils jaunâtres placée sur la ligne de jonction de l'aîle avec le corps.

La femelle et les jeunes des deux sexes manquent de tout vestiges de touffes ou de longs poils divergents aux côtés de la poitrine. Les jeunes ont partout des teintes plus cendrées et les nuances jaunâtres sont plus pâles.

Nous avons indiqué les dimensions pour les sujets de tres-forte taille, à 8 pouces en longueur totale ; envergure 2 pieds 6 pouces ; antibrachium 4 pouces 3 lignes ; ceux-là sont du Sennar. Les sujets du Sénégal ont généralement des dimensions moins fortes, et ceux de Guiné sont encore moins grands que ces derniers. Longueur totale 7 pouces ; envergure 2 pieds ; antibrachium 3 pouces 11 lignes. Le tout à période égale de l'âge ; car les jeunes n'ont pas plus d'un pied, huit à dix pouces d'envergure.

Les acquisitions importantes faites par le musée des Pays-Bas, en espèces nouvelles de roussettes des îles de l'Archipel, de l'Asie et de l'Australie, et dont plusieurs ont été découvertes par notre infortuné compatriote Forsten, me mettent à même de fournir un supplément remarquable à la monographie du genre *Pteropus.*

Attendu que nous n'avons à inscrire dans ce travail, qu'une espèce déjà décrite, et qu'elle est la seule connue jusqu'ici parmi les vraies roussettes, qui soit propre aux côtes occidentales de l'Afrique, je crois pouvoir me flatter que les naturalistes me sauront gré de leur fournir ici les descriptions des espèces nouvelles de *Roussettes de l'Archipel malais*. En les intercalant dans ces pages, je m'écarte en quelque sorte du plan de n'admettre dans ce travail, que les espèces de mammifères qui habitent une partie de la côte occidentale de l'Afrique ; toutefois ces compléments aux deux mémoires sur les cheiroptères frugivores précités, ne me paraissent point déplacés ici. Les espèces se trouvant classées par ordre de grandeur, l'on pourra les intercaler à leurs places respectives dans le dernier de nos mémoires ou *onzième monographie*, vol. 2. pag. 49 à 112 ; travail auquel je n'ai du reste rien à ajouter.

Je ne fais point mention du système dentaire de ces espèces nouvelles, vu que dans toutes, l'état normal n'offre aucune exception.

ROUSSETTE PLUTON. *PTEROPUS PLUTON.*

Elle n'est guère moins grande et à membranes du vol moins amples, que *l'Edulis* ou *Roussette kalong* de Java.

Pelage des parties inférieures assez long et touffu, à poils rudes, un peu frisés ou contournés à leur bout ; lisses, droits et plus rares ou clair-semés aux parties supérieures du corps, quoique la région du coccyx soit garnie de poils un peu frisés.

La presque totalité du pelage d'un noir parfait, parsemé en dessus de quelques poils fauves et rares. Sur la nuque une grande tache d'un brun-roussâtre foncé, et qui n'est point encadrée par une bande nuchale; tout le reste des parties supérieures, d'un noir parfait et lustré. Toutes les membranes sont nues et noires, en dessous elles sont couvertes, à claire-voie, de poils noirs, disposés seulement le long des flancs, ainsi que sur l'humerus et une partie de l'antibrachium; membrane interfémorale large et développée, portant au coccyx 14 lignes en largeur. Oreilles longues, pointues et noires.

Envergure 4 pieds 7 pouces; antibrachium 8 pouces; tibia 4 pouces: sur de très-vieux individus des deux sexes. Le jeune et l'état intermédiaire ne me sont poin connus.

Patrie. Les îles de Bali et de Lombok.

ROUSSETTE A LUNETTES. *PTEROPUS CONSPICILLATUS.*

M. Gould vient de faire connaître cette belle espèce, trouvée par M. Mac Gillivray dans les parties orientales de l'Australie. Elle se trouve désignée en ces termes:

Sa taille et ses formes sont les mêmes que chez le *P. poliocephalus*; mais la tête est plus grande; le système dentaire est plus fort et plus massif. Des taches disposées en forme de lunettes servent aussi de caractère distinctief, facile à vérifier.

Sommet de la tête noir, parsemé de quelques poils

roux; un roux brunâtre entoure les paupières, il produit l'effet d'une paire de lunettes affublant l'organe de la vue; la bande roussâtre est prolongée sur les côtés de la face et vient aboutir aux lèvres. Sur la nuque se trouve dessiné un large croissant d'un roux foncé; cette teinte couvre également les côtés du cou et elle forme un collier interrompu sur la poitrine. Toutes les autres parties du corps ont des teintes noires ; mais elles sont variées sur le dos par des poils grisâtres, clair-semés, et à la poitrine ainsi que sur les autres parties inférieures, par des poils roux.

Les dimensions ne sont point indiquées.

PTEROPUS CONSPICILLATUS Gould. *Proc. of Zool. Soc.* 1849, pag. 109. — Id. *Mamm. of Austra*, avec une planche.

Patrie. L'île Fitsroy, non loin de la côte orientale de l'Australie.

ROUSSETTE ALECTON. *PTEROPUS ALECTON.*

Nous avons quelques nouvelles données zoologiques à fournir sur cette espèce, décrite dans les Monographies, Vol. 2 , page 75 , où elle se trouve fondée sur la connaissance d'un seul individu, originaire de l'île Célèbes; le musée en a obtenu plusieurs autres depuis cette publica-

tion. C'est par erreur que cette espèce est nommé P. ATER-
RIMUS dans le *Coup-d'oeil sur les possessions néerlandaises
dans l'Inde archipélagique*, Vol. 1. p. 333.

L'Alecton à l'état adulte, est à peu-près d'un tiers moins
grande que la *Funèbre*; ses oreilles sont proportionellement
moins longues et le museau est plus court. La membrane interfémorale chez cette dernière est plus large
que la distance entre le bord postérieur des yeux et la
pointe du nez, et cette membrane entoure toute la région de coccyx; dans *l'Alecton* elle est remarquablement
plus courte que ne l'est cette distance; puis cette membrane se trouve interrompue et n'entoure point la sus-
dite région. Les dimensions en longueur totale et celles
de l'antibrachium servent aussi à les distinguer; les ailes
de l'*Alecton* ne sont pas aussi longues; elles offrent moins
de largeur; tout le système cutané est d'un noir parfait, tandis que la *Funèbre* de même que l'*Edule ou Kalong*,
ont les ailes larges et la couleur des membranes est brune.
La nuque est d'un brun bai terne, quelquefois brun-
noirâtre et le petit mantelet est séparé du noir profond
du dos, par une bande noirâtre et lustrée.
Les dimensions de nos sujets les plus forts sont : longueur totale 8 pouces 6 lignes; longueur de la tête 2
pouces 7 lignes; distance du bord antérieur des yeux à
la pointe du nez 1 pouce; hauteur des oreilles 10 lignes;
envergure 3 pieds 1 ou 2 pouces, antibrachium 3 pouces
6 lignes.

Patrie. Cette espèce ne vit point à Java; on la trouve en grand nombre dans une petite île fort peu distante nommée Bawean, et depuis là jusqu'a Célèbes, d'où plusieurs individus ont été obtenus. Les individus de Célèbes ont été envoyés au musée par M. Forsten; ceux de Bawean sont dûs à M. Diard.

ROUSSETTE LEUCOPTÈRE. *PTEROPUS LEUCOPTERUS.*

J'ai parcouru tous les systèmes, proceedings, bulletins et annales à la recherche d'une indication ou de l'insignifante diagnose, afin de m'assurer si l'espèce du présent article est décrite ou seulement indiquée, ne fusse que par quelques mots. Mes recherches ayant été vaines, je me décide, quoique toujours avec quelque doute à la présenter comme nouvelle. Le seul individu que j'ai pu examiner, à été acquis d'un marchand d'histoire naturelle qui m'à assuré l'avoir obtenu des îles Philippines.

Cette grande espèce, facile à reconnaître du premier coup-d'oeil de toutes ses congénères, par les teintes claires du pelage et par le peu d'épaisseur des membranes du vol, terminées par un grand espace blanc à peu-près diaphane, peut être définie ainsi :

Le pelage gris-cendré de toutes les parties du corps suffit de moyen pour la distinguer des autres roussettes. Cette teinte cendrée dominante est seulement un peu plus claire sur la nuque et aux épaules.

Patric, incertaine, l'on présume l'une des îles Philippines.

***

ROUSSETTE HYPOMELANE. *PTEROPUS HYPOMELANUS.*

Taille et formes du *P. pallidus* [1] ; mais l'attache des membranes au corps, la nature du pelage, ainsi que la distribution des couleurs offrent plus de ressemblance avec *P. Edwardsii* [2].

Face, joues et occiput d'un gris-blanchâtre, mais non pas général, vu que des poils noirs, à la vérité très-clair-semés en rompent l'uniformité ; menton noir ou d'un brun-foncé ; nuque, côté de cou et haut de la poitrine d'un roux-foncé et vif, moins intense chez quelques individus qui ont ce pelage roux-ardent, entermélé de poils bruns. Le thorax et tout le ventre d'un roux jaunâtre ; cette teinte est comme encadrée par du brun noirâtre qui s'étend, à partir des aisselles, en un large ruban, couvrant les flancs et entourant la région du coccyx. Le pelage du dos très-lisse et celui de la croupe frisé est partout couvert de poils noirs et gris, entremélés irrégulièrement. Le système cutané est noir ; seulement un étroit ruban, caché par le pelage, entoure le coccyx. *Les adultes dans les deux sexes.*

---

[1] *Monogr. de mamm.* Vol. 1. pag. 105 , et Vol. 2 , pag. 77.
[2] Ibid. Vol. 2 , pag. 61.

Parmi plusieurs individus adultes s'en trouve un de la même localité, dont la région thorachique et abdominale, ne sont point encadrées par une bande foncée; toutes les parties inférieures étant couvertes de poils roux-jaunâtrer et bruns, entremélés irrégulièrement; tout le dos l'est également de poils bruns et jaunâtres. L'on voit en ceci la preuve renouvellée des différences, que présentent les couleurs du pelage chez les espèces de cheiroptères frugivores.

Longueur totale de 7 à 8 pouces; envergure 2 pieds 6 à 7 pouces; antibrachium 4 pouces 2 lignes.

Patrie. L'île de Ternate, d'où M. Forsten en a envoyé plusieurs individus; elle y dévaste les vergers et ne se nourrit que de fruits.

ROUSSETTE DOGUIN. *PTEROPUS MOLOSSINUS.*

Cette espèce remarquable et dont le musée ne possède que l'individu qui nous sert à tracer ces lignes, diffère essentiellement du plus grand nombre de celles décrites dans nos deux monographies sur le genre *Pteropus.* Elle est caractérisée d'une manière toute particulière; par sa petite tête courte et son museau obtus, par des oreilles fort étroites et courtes, se montrant à peine d'un couple de lignes, d'entre l'épaisse fourrure dont la tête ainsi que les autres parties du corps sont pourvues. Elle est encore remarquable par la présence de touffes onctu-

euses aux côtes du cou, et dont les poils vont en diver-
gent d'un centre commun : puis les membres postérieurs
de cette roussette sont complétement nus, et la membrane interfémorale n'est que rudimentaire ; celle-ci entoure le coccyx en un ruban fort étroit, caché par le
pelage abondant de cette partie au corps.

Le pelage de cette roussette ressemble, par son abondance, à celui dont *P. dasymallus* et *P. pselaphon* sont
pourvus ; il est serré, cotonneux et frisé ; indépendamment de ce feûtre, d'autres poils soyeux et longs, repartis à claire-voie, couvrent toutes les parties du corps.
Le museau est garni de poils ras ; l'antibrachium en
dessous de même que toute la région tibiale, sont totalement privés de poils. Les touffes qui prennent naissance des glandes onctueuses des côtés du cou, ont des
poils longs et rudes, d'un brun-clair. Le museau, le
chanfrein et le menton sont aussi d'un brun clair ; le
feûtre du dessous du corps est d'un brun-noirâtre uniforme, mais les poils soyeux très-clair-semés, sont d'un
jaunâtre lustré ; la tête et le cou portent des teintes un
peu plus foncées que le sont celles du ventre ; le dos
est d'un brun plus clair, nuancé de jaunâtre, vu que
les poils soyeux de cette partie y sont plus abondamment repartis qu'aux parties inférieures du corps. Les
petites oreilles, en forme de feuille de saule, ne montrent que leur pointe au-dessus du pelage ; elles sont
nues et noires ; tout le système membraneux est de cette
teinte.

Longueur totale prise du sommet du crâne au coccyx 5 pouces 2 ou 3 lignes; longueur de la tête 1 pouce 5 lignes; distance du bord antérieur des yeux à la pointe du nez 6 lignes; envergure 22 pouces; antibrachium 3 pouces 3 lignes.

La patrie de cette espèce n'est point connue; nous n'avons vu que l'individu mâle de notre musée; mais les inductions qu'on peut tirer de l'abondance ainsi que de la nature cotonneuse et feûtrée du pelage, font conjecturer que cette roussette n'habite point les contrées tropicales, patrie du plus grand nombre des espèces de ce genre; mais qu'elle vit dans une des îles de l'Asie septentrionale, où habitent aussi les *P. Dasymallus* et *P. Pselaphon*, munies comme notre *Molossinus*, d'un pelage abondant et feûtré.

<hr>

Le genre *Pachysoma*, qu'à l'exemple du professeur Geoffroy de St. Hilaire, nous avons établi dans la famille de cheiroptères frugivores [1], s'y trouve admis, principalement en raison de la différence dans le système dentaire, comparé à celui du genre *Pteropus*. On saît que les pachysomes manquent d'arrière molaire à toutes les machoires et que les roussettes en sont pourvues, ce qui fait que dans le genre *Pteropus* on compte 32 dents persistantes, et dans *Pachysoma* seulement 28; indépendamment de ce caractère zoologique, ils ont le

---

[1] *Monographie de mammalogie*, Vol. 1. pag. 157.

pouce engagé jusqu'a moitié de sa longueur, dans la
membrane policaire. Leur régime alimentaire, ainsi que
la manière de vivre, offrent aussi quelques différences.
Les Pachysomes ne font point consister uniquement leur
nourriture en fruits; ils y joignent aussi celle des insectes; ils ne volent jamais que pendant le crépuscule du
jour ou du soir; au lieu de se suspendre aux branches
des arbres à l'ombre du feuillage, ils choissent pour retraite pendant la clarté du jour, les trous des arbres
vermoulus, ou bien les fentes des roches et les souterrains pour s'y cacher. Plusieurs espèces de ce groupe
vivent dans les îles de l'Archipel indien, et nous les
avons mentionnées dans les mémoires précités. Quant
aux Pachysomes qu'on trouve en Afrique, ils ont été
classés jusqu'à présent parmi les vraies Roussettes; de
ce nombre sont ceux indiqués sous les noms de *Pteropus
Whitei*, *labiatus*, *gambianus* et *macrocephalus* [1], qu'on
retrouve ici dans le groupe *Pachysoma*, dont ils portent
les caractères.

PACHYSOME DE WHITE. *PACHYSOMA WHITEI.*

Pteropus Whitei a été etabli par M. Bennet, sur un
mâle adulte en peau sèche, remis à la Société Zoologique de Londres par M. Rendall; l'individu a fourni à

---

[1] Voyez *Proceed. Zool. Soc.* 1835. pag. 100, et *Monographies de
mammalogie*, Vol. 2, pag. 83.

M. Bennet quelque doute relativement au système dentaire ainsi qu'a la position naturelle des aîles ; celui qu'il a décrit se trouvant dans un état de dissécation, qui ne lui permettait pas d'établir son jugement d'une manière exacte : dès-lors il a pu être indécis sur la position naturelle de cet organe du vol. Pour ce qui concerne les dents, il renvoie à des observations à faire sur cette espèce, lorsque l'occasion se présentera de l'étudier sur le vivant ou sur des individus conservés à l'esprit de vin.

Notre voyageur Pel vient de nous mettre à même de remplir les lacunes signalées par le naturaliste anglais, et d'y ajouter comme complément la connaissance de la femelle et du jeune âge de cette espèce.

De l'examen des dents ainsi que par les autres indices zoologiques, en rapport avec les moeurs et le genre de nourriture de cette espèce, il resulte que les caractères génériques ne diffèrent point de ceux des Pachysomes de l'Inde ; ceux-ci ont le museau plus obtus que ne l'est celui de l'espèce dont nous nous occupons ; mais cette forme plus alongée des deux machoires, dépend uniquement de la manière dont les dents, quoique en nombre parfaitement égal, s'y trouvent néanmoins différemment distribuées ; en effet ces dents sont contigues même serrées les unes à côté des autres chez les Pachysomes de l'Inde ; tandis que ceux de l'Afrique les ont plus ou moins à l'aise, selon que ces espèces ont le museau plus ou moins long.

Le pelage de cette espèce est serré et laineux quoique assez court et lisse ; la teinte générale en est d'un brun pâle à nuance roussâtre ; cette couleur règne sur toutes les parties supérieures ; mais elle est un peu plus claire sur la croupe. A la base des oreilles se trouvent deux taches d'un blanc pur, l'une au bord antérieur, l'autre à sa partie postérieure. Tout le dessous du corps, le milieu du ventre excepté, est d'une teinte moins foncée que le dos, et nuancée de gris ; la partie médiane du ventre est d'un blanc terne. De chaque côté de la poitrine se trouve une ample touffe de poils blancs, longs et naissant d'un centre commun, et ils s'écartent en pannache. Le système cutané est d'un brun-noirâtre. *Le mâle vieux.*

La femelle a les parties supérieures de la tête et du corps d'un roux terne nuancé de teintes plus claires ; ce roux est teint de brun sur la partie poilue de l'antibrachium. Deux taches blanches marquent la région auriculaire, l'une à la face antérieure, l'autre à la partie postérieure de la conque. Le dessous du corps est d'un gris roussâtre ; le milieu de l'abdomen est blanchâtre ; cette nuance se voit aussi sur le devant du cou, ainsi qu'aux côtes du thorax, là, où le mâle porte les touffes blanches. Les membranes sont de couleur feuille-morte.

Longueur totale 6 pouces 4 ou 5 lignes ; celle de la tête 2 pouces 5 lignes ; distance du bord antérieur des yeux à la pointe du nez 1 pouce 1 ou 2 lignes ; envergure 18 pouces [1] ; antibrachium 3 pouces.

---

[1] La description du naturaliste anglais fait mention de 12 pouces ; il y a évidemment erreur dans cette indication, puisque les dimensions dans la figure donnent effectivement les 18 pouces que nous signalons.

Les jeunes mâles de 13 à 15 pouces d'envergure, n'ont à cet âge aucun indice de touffes humérales ; la région ou elles doivent se former est couverte de poils blancs, un peu plus longs que ne le sont les autres poils du corps, mais couchés et non pas réunis en touffe ; le milieu du ventre est blanc et les autres parties inférieures sont d'un cendré-brun. Les parties supérieures du corps ont, pour la tête et le cou, une teinte cendrée claire, et pour le reste d'un brun-cendré, toujours en des teintes ternes. Les taches blanches au devant et derrière les oreilles paraissent dès le premier-âge ; elles peuvent servir de marque caractéristique pour cette espèce.

PTEROPUS WHITEI Benn. *Transa. Zool. Soc.*, Vol. 2, pag. 31, pl. 6. — Temm. *Monograph. de mamm.*, Vol. 2, pag. 560.

Patrie. Différentes parties de la côte occidentale de l'Afrique.

PACHYSOME LABIAIRE. *PACHYSOMA LABIATA.*

Lorsque je fis connaître cette espèce remarquable [1], son système dentaire ne m'était connu que par l'examen des incisives ; les deux dépouilles à ma disposition manquaient de tout vestige de molaires ; depuis, ayant eu l'occasion de voir la forme et le nombre des dents, il ne

------

[1] Sous le nom de PTEROPUS LABIATUS, *Monograph. de Mamm.* Vol. 2, pag. 83, pl. 39.

me reste plus de doute sur son identité spécifique avec les pachysomes à molaires au nombre de 3 à la machoire supérieure et de 5 à l'inférieure, nombre normal dans l'état adulte ; mais, qui chez les jeunes est augmenté par une fausse molaire de plus à la machoire supérieure.

Cette espèce, facile à reconnaître du premier coup-d'oeil, est caractérisée par un prolongement assez étendu de la livre supérieure ; ainsi que par deux longues touffes de poils blancs à la poitrine. Nous omettons ici les indications plus détaillées de forme et de coloration du pelage, qu'on trouve dans la description publiée dans les *Monographies* citées. Nous ne faisons mention de ce cheiroptère de l'Afrique orientale (Abyssinie), que pour rectifier l'erreur de classification qui vient d'être signalée.

PACHYSOME GAMBIEN. *PACHYSOMA GAMBIANUS.*

Cette espèce et la suivante, classées jusqu'ici ainsi que la précédente, dans le genre *Pteropus*, doivent en être distraites, pour se trouver réunies dans le groupe *Pachysoma*. Celle-ci et son congénère dont nous ferons mention, habitent la côte occidentale, et selon toute probabilité se trouvent aussi à la Guiné ; toutefois nous ne les avons pas reçues de cette contrée, et nous ne pouvons en fournir le signalement, que sur le témoignage récommandable du naturaliste anglais, OGILBY. Il résulte de l'examen des dents que leur nombre correspond à celui des autres espèces de pachysomes.

Le **P.** gambien à le pelage fin et cotonneux, à-peu-près partout d'une teinte cendrée roussâtre, seulement plus pâle sur les cotés du cou et au ventre. Les aîles sont amples et nues; mais les cuisses et l'antibrachium sont poilus et d'un brun-clair. La membrane interfémorale rudimentaire n'entoure point le coccyx; elle garnit seulement les pieds d'un ruban large, à peu-près de six lignes, couvert en dessus de poils. Les oreilles sont petites, nues, droites et de forme elleptique; les yeux en sont plus rapprochés et par là plus distants de la pointe du nez.

Longueur totale 6 pouces 9 lignes, dont la tête prend 1 pouce 9 lignes; envergure 1 pied 8 pouces; mesure anglaise.

Pteropus gambianus Ogilb. *Proceed. Zool. Soc.* July 1855, pag. 150.

Patrie. M. Rendall a trouvé cette espèce sur les bords de la Gambie.

PACHYSOME A GROSSE TÊTE. *PACHYSOMA MACROCEPHALA.*

La couleur, les formes et l'ensemble sont au total semblables á l'espèce précédente, mais celle-ci est remarquable par la grandeur de la tête et par la couleur des membranes du vol, qui sont d'un brun-noir, très-prononcé. Les canines et la tête sont plus grandes, et le rudiment de membrane tenant lieu d'interfémorale est plus étroit.

Longueur totale 6 pouces dont la tête prend 2 pouces ; envergure 1 pied 5 pouces.

Pteropus macrocephalus Ogilb. *Proceed. Zool. Soc. loco cit.*

Patrie. La même localité que le précédente.

Les espèces de Rhinolophidées qu'on à trouvées jusqu'ici en Afrique, pouvant toutes prendre rang dans l'une ou dans l'autre des deux sections, que j'ai adopté dans ce groupe des Cheiroptères insectivores, voir *Monographies de mammalogie*, Vol. 2 , pag. 1 ; nous n'aurons qu'à rappeler à la mémoire les caractères sur lesquels reposent les deux divisions, ou bien si l'on veut les deux genres dont ce groupe est formé.

La première section est composée des espèces dont la grande feuille nasale est simple, transversale et plus ou moins arrondie ; ils n'ont point de lobe ou d'oreillon mobile ; ce sont le *Phyllorrhines.* La seconde section comprend les espèces à feuille nasale compliquée ; celle postérieure élevée en fer-de-lance ayant un socle naissant au centre de fer-à-cheval ; ils ont un lobe mobile à la base de l'oreille ; ce sont les *Rhinolophes.* Le système dentaire est le même dans les deux sections.

Première Section.

PHYLLORRHINE A BANDE. *PHYLLORRHINA VITTATA.*

Cette grande et belle espèce nous est parvenue dans le dernier envoi, adressé par M. PEL de la côte de Guiné; jugeant qu'elle était encore inédite, le nom de *Phyllorrhine polphème* lui fut donné. Vers cette même époque nous arriva la visite de M. PETERS de Berlin, revenu depuis quelque temps en Europe, d'un voyage de découverte vers les côtes orientales de l'Afrique. Le desir de comparer ses acquisitions faites dans les possessions portugaises de Zanziber et de Mossambique, aux matériaux recueillis par M. PEL, à la côte occidentale de cette vaste partie du monde, le conduisait à Leiden, dans le but d'étudier les productions de ces deux côtes, opposées, à peu-près à distance égale de l'équateur, l'une au nord l'autre au midi; tandis qu'elles sont distantes par l'étendue considérable de toute la largeur de ce continent, dont une grande partie est probablement envahie par de vastes déserts.

Au nombre des observations intéressantes auxquelles cette comparaison donna lieu, M. PETERS me fit voir, que le grand Rhinolophidé, dont il est fait mention dans le présent article, se trouve être semblable à celui capturé par lui à la côte de Mossambique. Je constatai en effet d'après la figure que me remit M. PETERS, l'identité parfaite de forme de ces deux individus, quoique obtenus à une distance aussi considérable. Toutefois, je ne suis pas aussi certain de leur ressemblance parfaite sous le rapport des couleurs du pelage.

Ce cheiroptère, découvert à peu-près en même temps par M. Peters á la côte orientale et par M. Pel à la côte occidentale, est une espèce qui porte tous les caractères, tant ostéologiques que zoologiques de ce genre; par les formes des appendices membraneux du nez, il ne diffère point de ses congénères, classés dans notre première section des *Rhinolophes*, décrits dans les Monographies de mammalogie, et pour lesquelles nous adoptons le nom de *Phyllorrhine*.

C'est l'espèce la plus grande connue aujourd'hui, non seulement dans ce genre, mais aussi dans toute la famille de Cheiroptères insectivores. Un large syphon en bourse, poilu intérieurement, s'ouvre sur le front; c'est dans cette poche, observée dans le mâle, que se forme la matière odorante.

Le pelage fin et soyeux ne revet que les différentes parties du corps, laissant à nu les pieds ainsi que tout le système du derme, qui est très-développé. La queue est longue, adhérente au derme et libre sur le tiers de son étendue.

Le sommet de la tête et la face sont d'un gris-terre-d'ombre; au front du mâle s'ouvre une poche marquée par un liséré nu, garni de poils contournés; les parois internes en sont poilus; au devant de ce syphon s'élève la grande membrane transversale, terminée en dôme, un bourelet nu donne attache à la grande membrane en fer-à-cheval, dans laquelle s'ouvrent les narines, tandis que deux plis latéraux du derme s'étendent sur les lèvres dans la direction du fer-à-cheval. Les oreilles sont longues, pointues, elleptiques et nues. Le pelage de la nuque est légèrement frisé; les poils de cette espèce de collier sont bruns à leur base et terminés de brun-jaunâtre. Les épaules, ainsi que toutes les parties du milieu du dos et de la croupe, sont d'un brun uniforme; cette teinte est bordée, à partir de l'humerus jusqu'au fémur, d'une large bande de poils d'un gris-jaunâtre. Aux parties inférieures, le pelage est cendré et prend une teinte blanchâtre le long des flancs; les épaules sont blanches; sur cette teinte claire est peint une large bande longitudinale ou chevron, d'un brun vif. Tout le système cutané est d'un brun-noirâtre. *Le mâle très-vieux.*

Longueur du bout du museau à la pointe de la queue 6 pouces; tête 1 pouce 7 lignes; hauteur des oreilles 8 lignes; queue 1 pouce; envergure de 22 à 23 pouces; antibrachium 3 pouces 9 ou 10 lignes.

Le crane présente une élévation remarquable de la crête coronale, très-mince et formant un quart de cercle; les arcades zygomatiques sont fortes et larges. Les dents sont en même nombre que chez tous les autres rhinolophes; deux très-petites incisives écartées existent dans le cartilage mobile, puis quatre trilobées à la machoire inférieure; la très-petite fausse molaire supérieure est poussée en déhors de la rangée, par le développement du talon des canines.

Phyllorrhina vittata Peters, *Voyages de découv. en Afrique, avec une planche du mâle adulte.*

La vieille femelle, inédite, est un peu moins grande que le mâle; son envergure diffère seulement d'un pouce, et toutes les autres dimensions sont en proportion de celle-là. Elle est remarquablement disparate de l'autre sexe, par le manque d'orifice ou de syphon au front, seulement indiqué par un repli de la peau, ainsi que par la coloration différente de son pelage: du brun en teintes variées domine dans le mâle, le roux-ardent en nuances plus claires, colore la livrée de la femelle.

Un roux ardent couvre les parties supérieures; la bande qui s'étend de l'humerus au fémur est un peu plus claire; la tête et les joues sont d'un roux très-clair; la gorge et la poitrine sont d'un roux un peu plus foncé et la région des épaules est claire; sur cette teinte est peint, en roux-marron, la bande ou le chevron longitudinal; tont le reste des parties inférieures est d'un roux de rouille. Le système cutané est brun.

Patrie. M. Pel a trouvé les deux individus dont nous venons de faire mention, dans les fortifications du chateau à Elmina, côtes de Guiné. Nous ignorons dans quelle localité M. Peters a trouvé l'individu mâle, qu'il a rapporte de Mossambique.

PHYLLORRHINE CYCLOPE. *PHYLLORRHINA CYCLOPS.*

Cette espèce paraît habiter de préférence les rives

boissées des eaux ; elle vole, pendant le crépuscule, à la lisière des forêts voisines des rivières. Elle est facile à distinguer de ses congénères, par son pelage cotonneux, frisé et comme ébourifé partout. Le mâle, un peu en arrière de la feuille compliquée du nez, est muni d'un large syphon, qui s'ouvre sur le front ; la femelle porte simplement le stigmate d'une ouverture, sans qu'il conduise à une bourse. La membrane interfémorale est découpée en demi cercle, et la courte queue qui s'y trouve engagée, n'a que sa pointe libre. Les oreilles sont longues, pointues et sans oreillon mobile.

Tout le pelage supérieur et inférieur est d'une même nuance, et il n'existe sous ce rapport aucune différence, qui puisse servir de moyen pour distinguer les sexes.

Le pelage supérieur est brun-noirâtre, mais le bout frisé de tous les poils est jaunâtre ; en dessous il est brun-bistre, à bout des poils également jaunâtre. La feuille transversale qui prend naissance entre le pelage touffu du front, s'élève en deux lobes, séparés par une échancrure, de laquelle sort une petite feuille très-étroite ; sur le bourrelet s'élève une autre petite feuille, à laquelle vient aboutir le large derme du fer-à-cheval, accompagné en dessous d'une seconde membrane. L'ouverture au front du mâle est entourée par le pelage laineux et enbourifé ; la poche est également tapissée de poils onctueux. La moitié de l'antibrachium est couvert par le pelage.

Longueur du bout du museau à la pointe de la queue 5 pouces 6 lignes ; hauteur des oreilles 1 pouce ; queue 6 lignes ; envergure 12 pouces 6 a 9 lignes ; antibrachium 1 pouce 6 lignes.

Patric. L'on trouve cette espèce sur la rivière Boutry, côte de Guiné.

PHYLLORRHINE FULIGINEUX. *PHYLLORRHINA FULIGINOSA.*

L'espèce nouvelle décrite ici sur un *sujet unique*, de
sexe *féminin*, de toutes celles qui me sont connues est
la moins affublée de membranes ou de feuilles nasales ;
les oreilles sont grandes et larges, et leur bord antérieur
interne est garni de poils. La membrane interfémorale
est ample et longue; la queue s'y trouve engagée totalement. Tout le système cutané est nu.

Parties supérieures du pelage d'un roux de rouille vif,
mais la base de tous les poils est peinte de roux-doré ;
la tête, le devant du cou, toutes les parties inférieures
ainsi que le ruban latéral, le long des flancs, sont d'un
roux-doré vif. Pour toute membrane l'on voit seulement une feuille transversale, peu apparente, d'où se dé-
tache le petit fer-à-cheval en liséré, qui est un peu plus
large vers le muffle, et qu'accompagnent deux petits
plis, à peine visibles. La base postérieure, ainsi que le
bord antérieur interne des grandes oreilles, sont couverts de poils. Les membranes sont nues et noires.

Longueur 3 pouces 4 lignes ; dont la queue prend 1
pouce 5 lignes; envergure 11 pouces 6 lignes ; antibrachium 2 pouces.

Sur la vue d'un seul individu *femelle*; ce qui fait qu'on ne peut indiquer, s'il y a ou non différence de coloration du pelage dans les sexes, ni s'il est certain que le *mâle* soit pourvu d'un syphon.

Patrie. La côte de Guiné.

PHYLLORRHINE CAFFRE. *PHYLLORRHINA CAFFRA.*

Sous ce nom nous à été envoyé, par M. le professeur SUNDEVALL de Stokholm, la petite espèce de rhinolophe qui fait le sujet du présent article; cet individu ainsi que plusieurs autres, provenaient de la grande collection d'objets d'histoire naturelle, rassemblée dans le pays des Caffres, par les soins du naturaliste suedois WAHLBERG. Nous reçumes, à peu-prés en même temps au musée, un individu capturé au Congo, et vers la même époque nous en parvint un grand nombre de la côte de Guiné, faisant partie des collections de M. PEL. La comparaison minutieuse de ces individus, de contrées différentes, ne m'a pas offert la plus légère disparité à signaler. Je laisse, quoique à regret, à ce petit vespertilionide, trè abondant le long du littoral occidental, le nom, sans contredit très-improprement appliqué, selon lequel on serait porté a lui donner comme patrie exclusive, la côte Sud-Est de ce continent. L'on voit par ce fait se reproduire l'inconvénient en nomenclature, dans le choix vicieux d'un nom, emprunté d'une contrée; dénomina-

tion dont les naturalistes ont toujours été si prodigues,
et que je me suis permis de blamer si souvent. Il nous
paraît nonobstant inexplicable comment il se fait qu'une
espèce aussi minime de taille, ait pu se répandre dans
des contrées éloignées, séparées par des déserts, dont
l'étendue semble opposer une barrière infranchissable à
leurs moyens de locomotion.

Ce petit Rhinolophidé, un peu plus grand que le *Vespertilio pipistrellus* d'Europe, porte tous les caractères des
espèces comprises dans cette section; la feuille transversale est petite et peu saillante d'entre le pelage, qui en
cache la base; le fer-à-cheval n'offre qu'un pli du derme,
entouré par le pelage abondant des joues et des machoires. Derrière la feuille transversale se trouve, dans le
mâle seulement, un petit syphon ne conduisant point à
une bourse ou poche. Les oreilles ont la conque très-développée en largeur, quoiqu'elles soyent peu hautes,
mais elles sont étendues d'une part sur le front, de l'autre vers les joues. La queue est aussi longue que l'interfémorale.

Pelage long, fin et soyeux, bicolore aux parties supérieures, unicolore en dessous. Les poils du dessus du
corps et de la tête sont blanchâtres à leur base, et l'autre moitié est d'une teinte brun-marron; toutes les parties inférieures sont grises. Les oreilles sont très-poilues à leur base et un lobe également poilu extérieurement tient lieu de tragus. Membranes d'un brun-noirâtre. Les dents sont comme dans les autres rhinolophes.

Je n'ai pu trouver chez les sexes aucune autre différence que dans le manque du syphon chez la femelle.

Longueur totale jusqu'au bout de la queue 2 pouces 8 lignes ; la queue à peu-près 1 pouce ; envergure 9 pouces 3 lignes ; antibrachium 1 pouce 7 lignes.

Patrie. L'on vient de faire la remarque que cette espèce est très répandue à la Guiné et commune à la côte Sud-Est.

Seconde Section.

RHINOLOPHE ALCYONE. *RHINOLOPHUS ALCYONE.*

C'est la seule espèce de cette section qui ne soit parvenue de la partie littorale de l'Afrique, dont nous nous occupons. Elle est munie d'une folicule en fer-de-lance, large à sa base, mais peu haute et munie de deux rangées de petites caritées ; un socle repose sur le bourrelet et est entouré du large fer-à-cheval bordé d'un petit plis du derme. Les oreilles sont grandes et hautes, terminées par un oreillon mobile.

Nous n'avons pu observer qu'une femelle ; il est dès-lors incertain s'il faut attribuer l'existence d'un syphon, dans le mâle.

Le pelage de la femelle est pour toutes les parties supérieures, d'un rouge-vif couleur de briques cuites; en dessous d'une teinte plus claire, couleur de rouille. Les oreilles n'ont que la base poilue; leur pointe est recourbée en déhors; celles-ci, de même que toutes les autres parties du derme sont noires.

Longueur jusqu'au bout de la queue 3 pouces; la queue seule 9 lignes; envergure 11 pouces; antibrachium 1 pouce 9 lignes.

Patrie. La rivière Boutry à la Guiné.

———

L'espèce du genre *Megaderma* qui habite la Guiné, est la même qu'on trouve plus au nord dans toute la Sénégambie, et au midi jusques au Congo: c'est celle bien connue décrite et figurée sous le nom de

MEGADERME FEUILLE. *MEGADERMA FRONS.*

DAUBENTON en fit mention le premier, sur un sujet rapporté du Sénégal par ADANSON; GEOFFROY père le classa en tête de sa monographie des Mégadermes [1].

Depuis l'époque de cette publication, aucune autre espéce nouvelle n'est venu enrichir ce petit genre, composé primitivement de *M. frons* d'Afrique, de *M. lyra* de l'Inde continentale, puis de deux autres, sous *M. spasma* et *trifolium*, dont l'une forme double emploi de l'espèce commune à Java, à Célèbe et Ternate; ce que nous pou-

———

[1] *Mémoires du Mus. d'Hist. Nat.* Vol. 15. pag. 187.

vons donner comme très-positif, ayant obtenu constamment et en masse, la même espèce de toutes ces îles.
M. spasma, comme le plus ancien de ces noms, devra être
conservé à la troisième espèce de l'Inde archipélagique.

Il en est des Mégadermes comme des Nyctères ; l'une
et l'autre de ces coupes ne comptent qu'un très-petit
nombre d'espèces ; tandis que les Phylostomes, tous d'A-
mérique, sont dans cette partie du monde les réprésentants des deux genres précités qui vivent dans l'ancien
continent.

La grande famille des cheiroptères insectivores, dont
le genre *Taphozous* fait partie, compte aussi une espèce
nouvelle et remarquable sur les côtes occidentales de
l'Afrique : elle est la plus grande de ce groupe et se
rapproche le plus par l'ensemble de son organisation, du
type asiatique, connu sous le nom de *Taphozous sacco-
laimus ;* comme celui-ci, elle a le menton entouré d'une
poche, formée par un repli du derme et de laquelle suinte
la matière fétide qui répand une odeur si pénétrante, en
trahissant au loin les demeures où se retirent ces animaux. L'espèce étant inédite, nous lui donnons le nom
de notre voyageur.

TAPHIEN DE PEL. *TAPHOZOUS PELI.*

Pelage peu abondant, très-court et lustré ; couvrant
seulement le corps et la tête, et laissant complétement

à nu toutes les parties postérieures, de même que tout le système cutané.

Le pelage du corps, du cou et de la tête est en dessus d'un marron vif et lustré, en dessous d'une teinte un peu plus claire et terne. Sous le menton qui est à nu, s'ouvre une poche, dans les replis de laquelle s'opère la sécrétion de la matière onctueuse. La face n'est couverte que de quelques poils rares et noirs. Les oreilles sont grandes; à leur base se forme un prolongement du derme, dirigé sur les joues; le tragus est grand, en fer-de-hache. La queue assez longue, perce la membrane interfémorale vers le milieu de son étendue; toutes les autres parties du derme sont nues et noires. Les dents sont en tout semblables et en même nombre que dans les autres Taphiens; les quatre incisives inférieures sont trilobées.

Longueur de la pointe du museau au bout de l'interfémorale 6 pouces; de la queue 1 pouce 4 lignes, dont 6 lignes de libre; envergure 19 à 20 pouces; antibrachium 3 pouces 1 ou 2 lignes.

Patrie. Cette espèce nouvelle a été tuée sur la rivière de Boutry, côte de Guiné.

Le genre *Dysopus* ou des Molosses, n'a point encore fourni de représentant dans cette partie du littoral de l'Afrique, et les *Vespertilions* proprement-dits, si répandus dans toutes les régions du globe, mais surtout très-nombreux en espèces distinctes dans les contrées intertropicales, ne nous ont non plus offerts jusqu'ici une seule, originaire des côtes occidentales; tandis que vers la pointe méridionale et dans l'Est, on en compte plusieurs appartenant à ces deux groupes ; quelques-unes sont décrites et figurées dans la Zoologie d'Afrique de M. Smith.

———

Maintenant nous allons nous occuper des animaux carnassiers, trouvés par M. Pel, dans les contrées occidentales comprises entre les deux degrés au dessous de l'équateur, et étendus jusqu'aux confins orientaux du pays des Aschantes.

L'ordre des *Carnassiers* nous offre à peu-près partout, du nord au midi de l'Afrique centrale, une série de genres, composée d'espèces en aussi grand nombre que l'Inde et ses Archipels en peuvent énumérer. Nous bornant à indiquer celles comprises dans le rayon géographique très-limité du littoral, dont nous donnons ici une partie de la Faune, nous aurons à enrégistrer les genres ci-après désignés, savoir : *Les Chats* qui comptent deux espèces ; une *Hyène* ; les *Civettes* deux ; les *Crossarques* une ; les *Mangoustes* quatre, et un *Paradoxure*. Ce nombre est encore remarquable dans une contrée presque partout couverte de forêts et de broussailles, où les grands carnassiers ne sauraient trouver à satisfaire à leurs besoins, et parmi lesquelles habitent plusieurs espèces de singes, aux allures pétulantes et agiles, se dérobant facilement aux poursuites de leurs ennemis ; puis, un grand nombre de rongeurs, auxquels les arbres de haute futaye, offrent une retraite assurée; c'est aussi à l'abri de ces fourrés impénétrables des grands bois, que vivent en très-petites bandes, même le plus souvent par couple, les espèces d'Antilopes de petite taille, jusqu'à celles infiniment petites, qui sont les pygmées des herbivores. Tous les habitants de ces vastes forêts sont une proie dédaignée par les grands carnassiers et recherchée seulement par les petites espèces de cet ordre; aussi, dans ces contrées dont nous venons de tracer les limites, ne s'élèvent point de vastes plateaux couverts de pâturages; des valées étendues et profondes, sillonnées de larges cours d'eau, dont les bords se couvrent d'une végétation puissante, ne s'y trouvent non plus; les grandes plaines, où l'abondance des pluies périodiques renouvelle la fertilité, manquent également.

Cette constitution physique et locale du pays tient éloignée de ses limites, les bandes nombreuses en espèces et innombrables en individus des Antilopes; généralement tous les herbivores se réunissant en grands troupeaux, de même que les grandes espèces de Pachydermes, toutes ces puissantes bandes nomades sont reléguées dans les vastes solitudes de l'intérieur.

Il est conséquemment fort naturel, que les parties des côtes occidentales, dont nous nous occupons, se trouvent à l'abri des rapines qu'exercent ailleurs les grands carnassiers, ainsi que ceux de moindre taille, dont l'instinct les porte à se réunir plusieurs pour satisfaire en commun aux besoins, sans cesse renaissants, de leur appétit sanguinaire.

Quant aux carnassiers insectivores, quoique nous soyons d'avis qu'il s'en trouve à la Guiné, leur existence dans cette contrée n'est toutefois point encore clairement démontrée; car, jusqu'à présent M. Pel ne nous a fourni aucun animal de cette tribu dans les envois adressés à notre musée; aussi n'en fait-il point mention dans ses notes.

Deux espèces de la tribu des carnivores viennent d'être indiquées, comme se trouvant habituellement, quoique en petit nombre, à la Guiné. L'un, *Felis leopardus*, si commun dans toute l'Afrique, ne l'est effectivement ici que dans le pays des Aschantes, quoiqu'il exerce aussi, de temps en temps, ses déprédations le long des côtes, où les nègres le désignent sous le nom de *Jahin*; l'autre, beaucoup plus petite, est

FELIS A VENTRE TACHETÉ. *FELIS CELIDOGASTER.*

Espèce de chat-tigre, dont j'ai donné la description dans la monographie comprenant tous les *Felis* connus à cette époque[1]. Le chat, acquis à Londres, lors de la vente du cabinet de Bullock, s'y trouvait sans indication de patrie; j'en fis mention en laissant son origine indéterminée. Les renseignements obtenus par M. Pel et l'envoi qu'il nous fit d'une peau, me donnèrent les éclaircissements nécessaires à ce sujet. Voici la description de l'individu reçu de Guiné; elle ne diffère point de celle faite sur le sujet déjà indiqué.

---

[1] *Monographies de mammalogie*, Vol. 1. pag. 73.

Taille, du renard d'Europe ; face large, obtuse, queue un peu plus courte que la moitié de la longueur du corps et de la tête ; oreilles médiocres ; moustaches noires , à pointe blanche ; toutes les parties inférieures couvertes de grandes taches foncées et rondes.

Le pelage est court, lisse et lustré ; tout le fond de la robe est d'un gris légèrement teint de rougeâtre, marqué de taches pleines d'un brun-vif, couleur chocolat ; les taches pleines disposées le long de l'épine dorsale, sont de forme un peu oblongue ; les autres sont rondes ; de petites taches brunes sont disposées sur les joues et les lèvres, dont le fond est blanchâtre ; six ou sept rangées de bandes brunes, demi-circulaires, couvrent le fond grisâtre de la poitrine. Toutes les parties inférieures du corps et la face intérieure des quatre membres sont d'un blanc pur, symétriquement tachetées de grandes plaques rondes, d'un brun-chocolat ; deux bandes de cette couleur couvrent la face intérieure des pieds de devant ; elles forment quatre bandes semblables sur les pieds postérieurs ; la queue est d'un brun-bai, annelée de brun plus clair, et terminée de brun-noirâtre. La face extérieure des oreilles est noire ; les ongles sont blancs.

Longueur 3 pieds 4 pouces, dont la queue prend 14 pouces ; distance du bord antérieur des yeux à la pointe du nez 1 pouce 6 lignes ; hauteur au garot 12 pouces 6 lignes.

Felis celidogaster Temm. *Monograph. de mammal.* Vol. 1, pag. 140. — Felis calybeata Griff., *Anim. Kingd.* Vol. 2, pl. *peu exacte.* — Wagner, *Schreb. Saüget. suppl.* Vol. 2 , pag. 508.

Patrie. La côte de Guiné, où on la voit rôder de temps en temps; mais elle est plus abondante dans le pays des Aschantes.

———

Une troisième espèce de chat-tigre, *Felis servalina* Ogilby, est indiquée dans les *Proceedings année* 1859, pag. 94, sur une peau mutilée, venant de Sierra-Leona. Cette espèce reposant uniquement sur des données superficielles, il n'en sera fait aucune autre mention ici.

———

L'Hyène tachetée, *Hyaena crocuta*, connue des nègres de la côte sous le nom de *Patakoe*, est très-commune partout où le littoral est en plaine ; elle s'y construit des tanières dans lesquelles elle se retire de jour. C'est absolument la même espèce que celle propre à toute l'Afrique centrale et méridionale ; sa manière de vivre est aussi exactement la même que partout où elle étend ses déprédations nocturnes.

———

VIVERRIN CIVETTE. *VIVERRA CIVETTA.*

Les dépouilles des *Civettes* reçues de la Guiné, sont remarquables par la taille ; mais je n'ai pu découvrir aucune autre différence entre ces individus et ceux qui proviennent des autres parties de l'Afrique; les dimensions plus fortes des sujets mentionnés sont dues probablement à leur âge plus avancé ; car, en effet, le cràne et les dents trahisent leur vieillesse extrème. Les nègres de la côte lui donnent le nom de *Kankans.*

VIVERRIN BERBÉ OU GENETTOIDE. *VIVERRA GENETTOIDES.*

Le Berbé de Bosman [1], est indubitablement une variété ou race constante de la *Genette* du midi de l'Europe et de l'Afrique, qu'on doit toutefois se résoudre à admettre comme espèce distincte, pour ne pas retomber dans les mêmes errements, accrédités du temps de Buffon, qui après avoir établi quelques espèces types, le plus souvent basées sur celles d'origine européenne, faisait pulluler les descendants de ces espèces primordiales sur toute la surface du globe; de façon, à rendre à peu-près nulle toute disparité spécifique d'ailleurs très-facile à constater. L'on se permettait alors d'attribuer à l'influence des climats et des contrées, non seulement les moyens d'altérer plus ou moins les teintes du pelage dans les mammifères et du plumage chez les oiseaux; mais, l'on soumettait aussi à l'influence de ces agents, des caractères différentiels d'une plus haute portée; tels que les couleurs de la livrée, les dimensions du corps et des membres, voire même les différentes formes sous lesquelles se présentent les parties principales, dont les

---

[1] Voyez Bosman, *Voy. Guiné*, pag. 31, fig. 5.

indices disparates nous servent aujourd'hui de base, pour établir les coupes artificielles des genres, ainsi que de moyen pour distinguer les espèces.

L'on ne peut disconvenir des rapports nombreux qui existent dans l'ensemble des formes et dans la distribution totale de la coloration du pelage, entre les *Genettes* du midi de l'Europe et de l'Afrique méridionale, comparées à notre *Genettoide* de la côte occidentale d'Afrique; mais par contre, eu égard à la nature différente du pelage, à la distribution invariable des taches et des teintes de cette livrée, ainsi qu'au nombre des anneaux à la queue, on se verra porté à admettre la *Genettoide*, comme formant une espèce distincte, quoique très-rapprochée de la *viverra Genetta* des catalogues methodiques. Quelques détails comparatifs nous serviront à faire aprécier ces différences, bien mieux que ne pourraient les rendre une discription, fut-elle même minutieuse.

Des individus de la Genette du midi de l'Europe, comparés à ceux des parties Sud de l'Afrique, ne m'ont offerts aucune différence notable, ni dans les formes totales, ni dans la nature du pelage, pas même dissemblance de quelque valeur dans les teintes de leur livrée. Mais, en comparant ces mêmes individus Sud-africains et européens, à ceux qui nous sont venus des parties centrales de l'Afrique, situées sous l'Equateur; nous trouvons constamment les mêmes dissemblances entre ces espèces des contrées tropicales, et celles originaires des zônes plus tempérées des deux hémisphères.

C'est d'après les résultats acquis par ces comparaisons, que nous donnons à l'espèce de l'Afrique centrale le nom de *Genettoide*, comme première indice de ces rapports entre les deux espèces.

Les *Genettes* des contrées méridionales de l'Europe et de l'Afrique, ont une livrée composée de poils laineux et de poils soyeux ; par la nature de ces derniers, elle est longue et bien fournie de feûtre. La robe de la *Genettoide* manque de poils laineux, et les poils soyeux n'ont de feûtre qu'a leur base seulement ; ces poils soyeux sont à peu-près de moitié moins longs que ceux de la *Genette*, ce qui rend sa fourrure plus courte et donne plus de lustre à son pelage ; mais, ces livrées si essentiellement disparates de leur nature, se ressemblent d'ailleurs assez exactement ; elles sont peintes absolument de la même manière par des taches et des bandes, grandes et petites, distribuées toutes en même nombre, de la même couleur, et reparties sur les parties correspondantes du corps et des membres ; de façon que le signalement minutieux conviendrait à peu-près à l'une comme à l'autre espèce.

Les caractères différentiels indiqués jusqu'ici, pourraient fort bien se trouver en rapport avec la double livrée ou le changement périodique du pelage. Si en effet, il en était ainsi, la *Genettoide* ne serait qu'une *Genette* en habit d'été ; toutefois, cette supposition ne peut être admise, en raison des différences plus essentielles qui existent entre ces deux espèces ; car les oreilles de la *Genettoide* sont plus petites, étant moins larges et moins longues que celles de la *Genette*. La queue, qui n'est point touffue, est beaucoup plus longue (à peu-près de trois pouces), que celle de la *Genette*, chez laquelle ce membre est pourvu de poils longs et touffus, régulièrement annelés jusqu'au bout, de bandes égales, noires et blanches ; tandis que dans la *Genettoide*, les poils sont à peu-près de moitié moins longs ; les annelures sont irrégulières, celles noires, étant plus larges que les blanches, et le dernier tiers vers le bout de la queue, se trouvant être noir, avec des demis anneaux bruns, en-dessous seulement. Au total, la couleur du fond, tant du corps que des membres dans la *Genette*, est généralement d'une teinte blanche-grisâtre, tandis que la fourrure de la *Genettoide* est d'un gris-jaunâtre.

Le signalement comparatif que nous venons de fournir, servira mieux pour distinguer ces espèces, que ne pourrait le faire une description plus minutieuse de leur livrée. J'ai trouvé ces caractères dans toutes les periodes de l'âge, et les ai même observé sur des individus très-jeunes, de 9 et 11 pouces en longueur totale.

Il est inutile d'indiquer ici les différences de forme et de coloration entre notre espèce nouvelle et *Viverra senegalensis* et *felina :* la première se trouve dans la Sénégambie et la Nubie, l'autre vers le Sud, dans le pays des Cafres. Ces trois espèces sont très-faciles à distinguer entre-elles.

Les dimensions de la *Genettoide*, prises sur des sujets très-vieux, sont : longueur totale 52 à 55 pouces, sur laquelle la queue compte pour 15 pouces 6 lignes ; distance du bord antérieur des yeux à la pointe du nez 1 pouce 5 lignes; hauteur des oreilles 1 pouce 5 lignes.

Patrie. Ce carnassier est indiqué par Bosman, sous le nom de *Berbé*, ou buveur de vin, vu qu'il est friand du suc du palmier. C'est probablement Genetta poensis de Waterh. *Proc.* 1838, p. 59 [1]. On la trouve assez communément sur toute la côte de Guiné. Nos individus sont de Rio-boutry et de la Mina.

MANGOUSTE LOUMPO. *HERPESTES LOEMPO.*

Cette grande mangouste, dont la taille et les dimensions sont les mêmes que dans *Herpestes leucurus* et *albicaudus*, porte, parmi les nègres de Guiné, le nom de *Loempo* (mangeur d'hommes), dont Bosman, dans sa rélation de la côte, a fait *Arompo*. Les indigènes, dit-il, lui donnent ce nom de mangeur d'homme, par ceque de nuit il rôde dans le voisinage des sépulcres, et que s'il parvient à déterrer un cadavre ou bien qu'il en trouve un dans les bois, il en fait sa pâture.

Quant aux formes du crâne, des dents, des pieds et du nombre de leurs doigts, ainsi que des autres parties du corps, elles sont absolument semblables à celles des grandes espèces de ce genre; toutefois, le *Loempo* ressemble

---

[1]) La Genetta pardina de G. Cuvier, *Mammifères*, forme-t'elle une espèce distincte?

plus particulièrement, par la forme de sa queue, à l'espèce propre à la Nubie et à la Cafrerie, décrite dans les systèmes sous les noms de *Leucurus* et *Albicaudus ;* sa queue se trouvant très-amplement poilue depuis la base jusqu'à la moitié est pointue à son extrémité ; sous ce rapport, c'est une répétition des caractères du petit sous-groupe *Ichneumia*, formé par M. Isidore Geoffroy [1], mais avec un système dentaire normal.

La livrée est comme chez toutes les grandes *Mangoustes* composée d'un pelage feûtré, compacte et long, garni, mais à claire-voie, de poils soyeux bien plus longs que ceux-là. Le pelage cotonneux ou feûtré est de couleur ocre très-clair, ayant la pointe des poils lustrée : tous les longs poils soyeux sont d'un noir parfait et luisant, ce qui forme une bigarrure irrégulière, jaunâtre et noire sur les parties du corps, du cou et de la tête, le noir dominant principalement sur le dos et la nuque. La base de la queue est variée comme le corps ; le reste de cette queue touffue est, jusqu'au bout, pourvu de longs poils noirs, lustrés, mais dont la base seulement est colorée d'ocre clair. Les quatre jambes sont d'un noir parfait.

Les individus, dont les poils soyeux noirs n'ont pas atteint toute leur longueur, laissent apercevoir, dans leurs interstices, la pointe ocracée des poils laineux, ce qui fait qu'ils paraissent avoir des annelures ocracées, remarquables sourtout le long du dos et à la base de la queue.

---

[1] *Magasin de zoologie*, 1839.

Je présume que cette anomalie dans la couleur du pelage est due à la saison, soit d'été ou bien d'hiver; elle peut dépendre aussi de l'âge; quoique tous nos individus soient adultes, quelques-uns offrant les indices de vieillesse extrème, par les fortes crêtes occipitales, ainsi que par leurs dents usées.

Les jeunes de l'année non plus que ceux à l'âge moyen, ne me sont pas connus.

Longueur totale des vieux, de 33 à 34 pouces, sur lesquels la queue, jusqu'au bout du flocon terminal, prend 15 pouces; distance du bord des yeux à la pointe du nez 1 pouce 6 lignes. Longueur des poils soyeux sur le dos 1 pouce 6 lignes; ceux de la base de la queue ont 3 pouces.

L'Arompo de Bosman, *Beschrijv. van Guiné*, pag. 35, fig. 8.

Patrie. Cette espèce ne se montre que de nuit; de jour elle paraît se retirer dans les creux des grands arbres; on la trouve sur toute la côte de Guiné.

MANGOUSTE PLUTON. *HERPESTES PLUTO.*

Elle est moindre, dans toutes ses dimensions, que la précédente; mais la tête et le museau sont plus longs. Sa queue est plus courte et elle n'est couverte que de poils aussi longs que ceux du corps. Toutes les parties du corps, les membres ainsi que la queue sont d'un noir intense et lustré; il le paraît d'autant plus, vu que les poils laineux sont aussi d'une teinte sombre ou brun-foncé ; cette dernière revet aussi le menton et la gorge ; on voit sur le noir des joues quelques maculatures très-fines et jaunâtres ; tout le reste du pelage est d'un noir parfait. *Les vieux.*

Les individus qu'on peut supposer être revêtus du pelage d'été, ou bien ceux d'un âge intermédiaire, ont tout le corps marqueté de mouchetures trés-fines et claires, produites par de petites annelures disposées sur les poils soyeux. Les jeunes à l'état de semi-adulte ont, indépendamment de ces annelures, le bout des poils soyeux marqué de couleur ocre-clair.

Des jeunes, dont la longueur totale n'est que de 7 pouces, conséquemment âgés de quelques jours seulement, sont partout d'un brun-noirâtre, finement piqueté de brun plus clair ; à cet âge le pelage cotonneux est déjà dépassé par les poils soyeux, qui ont une teinte brune plus foncée.

Longueur totale des vieux de 27 à 28 pouces, sur laquelle la queue prend 11 pouces ; distance du bord antérieur des yeux á la pointe du nez 1 pouce 7 lignes.

Patrie. Les vieux ont été pris à Dabocrom, aux confins du pays des Fantes ; les jeunes près de la rivière Boutry. Cette espèce nouvelle ne se montre aussi que de nuit.

MANGOUSTE DE SMITH. *HERPESTES SMITHI.*

En procédant par ordre de grandeur dans la classification méthodique des espèces, celle-ci prend rang après
le *Pluton* de l'article précédent. Notre Mangouste de
Smith m'est parvenue dans une collection d'objets acquis à Londres, portant pour lieu d'origine Cape-Coast,
factorerie anglaise à la côte de Guiné; au dessous de l'éti-
quette portant le nom de cette localité, se trouvait marqué au crayon le nom de SMITH, ce qui me fit présumer
que l'espèce avait été décrite par ce savant naturaliste
anglais, dans ses *Illustrations de zoologie* d'Afrique; ne
l'y trouvant point, et ayant parcouru en recherches vaines tous les catalogues méthodiques, proceedings, revues
zoologiques, je découvris enfin, qu'un *Herpestes Smithi,*
avait été signalé par M. GRAY, dans le *London magazine,*
Vol. 10, pag. 578; où, en effet se trouvent les quelques
mots, traduits dans la note ci-jointe [1].

Cette espèce est bien caracterisée par le noir parfait
des quatre extrémités, ainsi que par le grand bout terminal de la queue avec son pinceau, qui sont de cette

---

[1] HERPESTES SMITHII Gray: moucheté de couleur *foncée*, noir, *blanc*
et *gris*. Face, cou et *pieds* variés de roussâtre; puis encor, *pieds*
et bout de la queue noirs. — Je m'abstiendrai de toute remarque
sur cette diagnose scientifique! La priorité de date lui revient de
droit.

couleur. Des nuances d'un rouge de brique sont reparties sur différentes parties du pelage.

Cette livrée est longue et touffue; le feûtre, ou pelage
cotonneux est blanchâtre sur toutes les parties du corps.
Les longs poils soyeux se trouvent annelés de blanchâtre
et de noir, tandis que leur pointe est rougeâtre; cette
teinte domine particulièrement aux épaules, à la nuque,
puis s'étend sur les poils du cou et sur les tarses; la
tête est plus également teinte de rouge, vu que les maculatures noires et ocracées sont très-petites et fines.
Le menton, la gorge, la poitrine et la partie médiane
du ventre sont d'un roux de rouille. L'extrémité des
quatre membres et celle de la queue sont d'un noir parfait. Le sujet du musée est une vieille femelle.

Longueur totale 2 pieds 2 pouces et jusqu'au bout du
flocon de la queue 27 pouces, sur laquelle ce membre
prend 15 pouces, y compris le flocon terminal; distance
du bord antérieur des yeux à la pointe du nez 1 pouce
1 ligne. Hauteur au train de devant 5 pouces 7 lignes.
Longueur de la partie noire de la queue et du flocon 3
pouces 5 lignes.

Patrie. Il est probable qu'elle habite la côte de Guiné.

MANGOUSTE KOUKEBOU. *HERPESTES BADIUS.*

Le seul moyen de bien définir une espèce, puis de
consigner les caractères invariables qui doivent servir de

moyen pour la distinguer de ses congénères, c'est d'en soumettre à l'examen comparatif, des individus de sexe et d'âge divers, originaires des différentes localités où on la trouve, et tués à des époques différentes de l'année. C'est sous ces conditions seulement, qu'on peut se former une idée juste de la disparité entre des espèces dont l'analogie paraît évidente, et qu'on parvient à reconnaître l'identité spécifique dans les individus, entre lesquels la différence est spécieuse.

Ces moyens, il faut en convenir, se trouvent fort rarement réunis sous les yeux du zoologiste ; le hasard, toutefois, me les à offerts dans l'espèce qui fait le sujet de cet article ; ils vont me servir pour réunir quelques doubles emplois d'espèces, dans lesquelles je crois reconnaître celle dont nous nous occupons. Car, ce ne sont en effet que différents états du pelage, colorés selon l'époque de l'année, et qu'on peut généraliser sous le nom de *pelage de saison*, absolument comme *Mustela erminea* en fournit l'exemple le plus remarquable en Europe.

Si les moyens se présentaient toujours aux naturalistes de réunir sous leurs yeux le nombre strictement nécessaire d'individus de chaque animal, afin de les comparer entre-eux, combien, pour lors, serait considérable le chiffre des espèces, en double et triple emploi, qu'on parviendrait à rayer de nos catalogues méthodiques, si indigestes sous tant de rapports. — Prenant pour modelle le genre *Herpestes*, dont nous nous occupons ici, l'on peut se demander, s'il ne serait pas convenable de

réunir *H. pharaonis* et *cafra* [1], sous leur double pelage
de saison, en une même espèce? *H. ruber* et *major* ne
diffèrent point; *H. leucurus* et *albicaudus* sont tout au
plus des variétés locales, du nord et du midi de l'A-
frique; leurs divers états de pelage sont sujets à varier
au point que je n'en vis jamais trois individus exactement semblables. *H. galera* et *pulverulentus*, *Atilax van-
sire*, peut-être *H. urinatrix* et *paludinosus*, paraissent
être très-voisines comme variétés locales ou de saison.
Herpestes penicillatus et *Cynictis Stedmanni* diffèrent seulement par leur pelage de saison; et, pour en revenir
à l'espèce. dont nous faisons le sujet du présent article,
H. badius, *punctatus* et *Cynictis melanura* ne sont, à mon
avis, que des citations des différentes livrées de notre
Mangouste koukebou, connue sous ce nom par BOSMAN,
depuis environ un siècle et demi.

Au reste, les naturalistes qui ont introduits dans les
systèmes ces citations en double emploi, me paraissent
fort excusables de les avoir produites; à leur place
j'en eusse peut-être fait autant, et sous ce rapport je
confesse mes erreurs, commises à peu-près de la même
manière. Il n'en est pas moins vrai que des erreurs de
ce genre, où l'empressement de publier porte le naturaliste à négliger l'étude comparative, font plus tard le
tourment de ceux qui s'occupent du travail monographique d'un genre d'animaux. Car, ce mode de publica-

---

[1]) *Herpestes Widdringtoni* trouvée en Andalousie, voyez *Annal. and
Mag. Nat. Hist.* Vol. 9, pag. 49; est-ce une espèce ou bien une variété locale?

tion, est le seul possible aujourd'hui, pour arriver à la connaissance exacte des espèces.

Les difficultés sont nombreuses et les erreurs presque inévitables dans quelques genres de mammifères, chez lesquels la livrée est sujette à des changements remarquables des teintes, même des couleurs du pelage, non seulement dans les différentes époques de l'âge, mais aussi dans les saisons de l'année, peut-être encore sous influence des climats. Ces changements paraissent avoir lieu par l'effet de l'usure du bout des poils laineux, combiné avec la chute d'une partie des poils soyeux, dont le pelage laineux est plus où moins garni, ou qu'il recouvre, soit totalement ou bien en partie seulement; ils peuvent avoir également pour cause l'action constante que les tissus lymphatiques exercent sur la coloration du pelage, et dépendre de l'abondance ou bien de la disette en produits alimentaires, auxquelles les espèces sont peut-être assujetties périodiquement, et sur lesquelles la température et les saisons exercent leurs influences, d'une manière à nous inconnue.

Le genre *Mustela* avec les sous-genres voisins fournissent des exemples nombreux d'espèces, qui entrent dans la catégorie des mammifères à pelage très-variable; non seulement pour la coloration de leur robe, mais aussi par la nature de ce pelage, qui varie au point à donner une valeur numérique différente, entre les fourrures d'été et celles d'hiver de certaines espèces; qualités que le commerce des pelleteries sait apprécier et qu'il exploite à son profit. Les *Mangoustes*, avec les sous genres voisins, qui sont, sous plusieurs rapports, les représentants des *Mustelles* dans les climats chauds, sont soumises aussi, à un haut degré, à ces changements périodiques de leur livrée; toutefois, sans que les dépouilles aient pour le commerce la valeur réelle ou de mode, qui fait qu'on recherche celles des carnassiers de l'Asie, de l'Europe et de l'Amérique septentrionales.

L'espèce qui nous occupe est, parmi celles propres à l'Afrique, l'une des mieux choisies pour faire apprécier ces changements dans les couleurs du pelage, ainsi qu'à en facilitér la recherche dans les autres espèces; il en est de celle-ci comme de *l'Hermine* et de la *Zibeline* d'Europe, chez lesquelles cette différence dans la couleur du pelage est le mieux prononcée.

Je me trouve avoir sous les yeux sept individus (tous à l'état adulte) de notre *Mangouste koukebou*; dans ce nombre, deux seulement sont exactement semblables par les couleurs de leur robe, et comme fait remarquable, l'un de ces sujets à été tué dans le pays des Cafres amazoulous, partie Sud de l'Afrique orientale; l'autre, à la côte occidentale de Guiné; le troisième, sans provenance certaine, a vécu quelque temps dans la ménagerie du jardin zoologique à Amsterdam; lorsqu'on en fit l'acquisition, il se trouvait revètu du pelage tel que le décrit M. Gray [1], sous le nom de *Herpestes punctatus*; il est mort quelques mois plus tard, portant la livrée sous laquelle M. Smith [2] décrit et donne la figure de son *Herpestes badius*.

---

1) *Proceedings*, *Zool. Soc.* 1849, pag 11.
2) *Illustrations*, *Zool. of South-Afric. mamm.* pl. 4.

Les quatre autres individus adultes offrent beaucoup de disparités entre-eux par les couleurs du pelage ; tous sont de la côte de Guiné. La crainte de paraître minutieux m'aurait fait omettre de dire, que des deux jeunes individus, âgés de quelques jours seulement et parfaitement semblables entre-eux, l'un est du pays des Cafres, l'autre de Guiné.

Nous trouvons dans cette identité spécifique une preuve nouvelle, qu'on suppose à tort et que plusieurs naturalistes partagent l'opinion erronée, qu'en règle générale, la même espèce ne saurait habiter simultanément des contrées très-distantes ; surtout, lorsque les communications entre les deux pays sont entravées, soit par la vaste superficie des plaines désertes, soit par des chaînes montueuses couronnées de plateaux étendus, ou bien que des fleuves d'une largeur considérable semblent opposer des barrières infranchissables à la migration des animaux, qui n'ont point l'espace des airs pour domaine de locomotion. Partant de ce principe, des naturalistes qui manquent de moyens comparatifs, et qui mettent trop d'empressement à publier leurs travaux, commettent des erreurs qu'on ne parvient à reconnaître, qu'à la suite de comparaisons et de recherches assidues, le plus souvent accompagnées de beaucoup de perte de temps.

Il nous semble que le grand nombre des écrits périodiques, s'empressant à publier ces prémières impressions, nées d'un travail superficiel, contribuent pour leur part, à augmenter la confusion. Parmi ceux-ci, il en est qui me font l'effet d'une arène ouverte, l'on dirait un pari engagé de la course aux clochers : on s'y lance avec impétuosité, dans la crainte de ne pas arriver à temps pour prendre date d'une *découverte !*

Toute la science est comprise dans quelques lignes, souvent insignifiantes ; elles paraissent comme garantie de priorité, avec date du jour, du mois et de l'année, et servent à sanctionner l'oeuvre. Malheur à celui qui vient de passer son temps à des recherches ; qui s'est permis de comparer avant d'écrire et qui a fait intervenir l'étude dans son travail : il arrive toujours trop tard ; il ne pourra obtenir que *l'accessit*, sous le titre de synonyme !

Notre espèce, revêtue de l'une des livrées de saison, qu'on peut admettre comme étant celle de l'été de ces climats (vu le peu de longueur des poils laineux et le petit nombre des soyeux), peut être caractérisée ainsi :

Pelage court, lisse, plus ou moins lustré. Parties supérieures d'un roux-vif, plus ou moins variées, selon les individus et leur âge, d'annelures fines ou assez larges et noirâtres ; elles sont plus nombreuses sur le dos qu'aux côtés et sur les membres. La gorge, la poitrine et le dessous du corps portent une teinte uniforme rousse claire. Les poils soyeux de la queue sont roux-pur, ou annelés de noir ; le dernier quart de cette queue est d'un noir parfait. — Dans cet état du pelage on reconnaît Herpestes badius Smith, *Illustrat. Zool. of Afr. mamm.* pl. 4.

Un second individu, également en pelage d'été, a le

bout des poils soyeux plus long que le précédent ; il est aussi d'un roux plus vif, particulièrement à la queue, aux flancs et au ventre ; la teinte rousse du dos est variée d'annelures noires, plus nombreuses, en raison de ce que les poils soyeux ont leur bout terminal marqué de noir, tandis que chez l'autre individu, la fine pointe est colorée de roux. Cette légère différence dans la longueur des poils en produit une bien plus marquée dans la teinte dominante, suivant que la partie terminale qui disparaît en s'usant, attaque, soit un anneau roux ou bien un anneau noir : couleurs qui alternent sur tous les poils.

La livrée qu'on peut admettre comme pelage d'hiver, vu que les poils laineux sont abondants et longs, est rayée à peu près sur toutes les parties du corps, de petites bandes rousses, noires et jaunâtres ; cette dernière teinte occupant le bout terminal des poils, la livrée se trouve variée d'annelures transversales, offrant une bigarrure de ces trois couleurs. Lorsque l'extrémité jaune de ces poils disparait, la teinte noire est pour lors dominante ; la rousse se montre au fur et à mesure que les poils, en s'usant, deviennent plus courts et que la robe devient moins touffue ; tandis qu'elle augmente en lustre, attendu que les poils laineux sont totalement couverts et cachés par les soyeux. — Sur la tête, les joues, la gorge et le ventre la teinte roussâtre continue à règner sans mélange ; la queue conserve aussi sa partie terminale noire. — On reconnaît dans cette livrée HERPESTES PUNCTATUS Gray, *Procced. Zool. Soc.* 1849, pag. 11.

La troisième livrée remarquable et qui me paraît être

plutôt accidentelle que constante et régulière, est absolument celle du *mélanisme*, qu'on observe dans le genre *Felis* et qui atteint aussi quelques espèces du genre *Mustela ;* toutefois, il se pourrait que ce soit une livrée constante de saison, ce que je ne saurais me permettre de décider sur la vue *d'un seul individu.* Il est néanmoins positivement reconnu, qu'il est de la même espèce que les autres individus, tués par M. PEL, à la côte de Guiné.

Pelage court, lustré, noirâtre, pointillé de roux vif, la fine pointe de tous les poils étant de cette dernière couleur. Tous les poils soyeux de la queue sont courts et marqués des mêmes teintes ; le grand bout terminal de cette queue est d'un noir parfait, absolument comme dans les autres individus. La gorge, la poitrine, ainsi que les autres parties inférieures sont d'une teinte rousse noirâtre. Nous remarquons, que la livrée de cet individu serait d'un roux plus décidé, si le bout terminal des poils, ainsi colorés, était un peu moins usé. CYNICTIS MELANURA Fraser, *Zool. typ.* pl. 9, en fournit une figure exacte.

On observe dans cet individu tous les détails de forme, de couleur et de dimension, tels qu'ils sont indiqués dans la notice, fournie par M. MARTIN [1], du *Cynictis melanura ;* la forme des dents et la nudité du tarse sont en rapport exact avec les parties correspondantes

---

[1] *Proceed. Zool. Soc.* 1836, pag. 56, voyez aussi *Proceed.* 1838, pag. 5, où se trouve l'indication d'un *Herpestes melanura*, rapporté du Dammara (côte Sud-Ouest), par le capitaine ALEXANDER ; dans cette citation ce n'est plus un *Cynictis !*

de notre individu ; mais M. Martin en fait une espèce du genre *Cynictis*, par consequent, n'ayant que quatre doigts au lieu de cinq aux pieds postérieurs ; quoiqu'il lui attribue des tarses nus, tandis que les vrais *Cynictis* ont les tarses garnis de poils, et que notre espèce a cinq doigts, exactement comme toutes celles du genre *Herpestes*. Toutefois, il se pourrait, même il me paraît probable, que M. Martin s'est vu induit en erreur par l'examen d'un individu mutilé, manquant de cinquième doigt ; ainsi que j'ai été à même d'en voir mutilés de la même manière. Le musée possède une espèce différente de celle-ci, qui, par l'un des pieds est un *Cynictis* à quatre doigts, et par l'autre un *Herpestes* à cinq doigts, vu que, par manque de soin du préparateur en le dépouillant, le très-petit doigt, placé assez haut sur le tarse, a été enlevé par le scalpel ; accident qui peut facilement avoir lieu sur un membre si petit et placé aussi haut sur le tarse. Quoiqu'il en soit, du *Cynictis melanura*, il nous est clairement prouvé, autant par la description de M. Martin, que par la figure publiée par M. Fraser, que l'individu de notre *Herpestes badius*, indiqué ci-dessus, est exactement le même animal que le leur. Toutefois je puis m'abuser, n'ayant pas vu en nature l'individu décrit par M. Martin.

Nos individus ont les dimensions suivantes. Longueur totale de 21 à 22 pouces 6 lignes ; sur laquelle la queue porte de 10 à 11 pouces ; le bout terminal de la queue revêtu de poils noirs, est long jusqu'à l'extremité du flocon de 5 pouces environ ; ceux qui ne sont point parfaitement adulte ont un pouce et quelques lignes de moins.

Les jeunes, longs de 10 ou de 12 pouces, ont le pelage presque totalement cotonneux; les poils soyeux sont rares, très-fins et à claire-voie. Leur livrée est grisâtre, faiblement annelée de cendré plus foncé; elle est teinte de roussâtre clair sur le dos; la tête et la nuque sont d'un roux jaunâtre; le grand bout terminal de la queue est noir dès la première période de l'âge.

Patrie. Cette espèce est très-commune dans toutes les parties de la côte de Guiné; on la trouve aussi dans le pays des Cafres, depuis Natal jusqu'à Latakoe. Les nègres de Guiné lui donnent le nom de *koukeboe*. C'est l'ennemi redouté dans les basse-cours; elle chasse de jour comme de nuit, détruit quantité d'oeufs et fait aussi sa proie de petites espèces de rongeurs.

MANGOUSTE MULTIPOINTÉE. *HERPESTES PUNCTATISSIMUS.*

L'espèce nouvelle, dont nous allons faire mention, n'est point due aux recherches de M. Pel à la côte de Guiné; elle habite plus vers le Sud de nos possessions, et vit dans la partie où coule le fleuve de Gabon; elle a été trouvée aussi dans le pays des Cafres, à port Natal, où on l'avait apportée de l'intérieur.

Notre espèce, que je crois être inédite, se rapproche, quant aux formes, ainsi que par les coleurs du pelage, à celle trouvée en Abyssine, par M. Ruppell, et que cet auteur à décrit et figuré sous le nom de *Herpestes gracilis*; mais la nôtre est d'un quart plus grande par le corps, quoique sa queue se trouve être plus courte que dans le *gracilis*; celle-ci porte au bout de la queue un grand espace noir, dont on ne voit aucune trace dans le *punctatissimus*; les dents très-fortes et plus grosses que dans les espèces plus grandes de taille qu'elle, servent aussi à la faire reconnaître de toutes les autres *Mangoustes*.

Pelage généralement court, si ce n'est à la base de la queue, où les poils sont du double plus longs que ceux du corps; le bout terminal de cette queue est roussâtre.

Parties supérieures du corps, de la tête et des membres d'une teinte jaunâtre-clair, mouchetée d'annelures très-fines, d'un brun-noirâtre et couvrant toutes les parties, en exceptant toute-fois le menton, ainsi que la partie médiane du cou et du ventre, qui sont d'un blanc terne; les poils de la queue sont couverts d'annelures nombreuses et elles en occupent toute la longueur, jusqu'à la pointe extrème, qui porte des poils d'un roussâtre clair.

Longueur totale 19 pouces 6 lignes, sur laquelle 9 pouces seulement pour la queue; distance du bord antérieur des yeux à la pointe du nez 8 lignes.

Patrie. l'Afrique centrale et la côte occidentale.

MANGOUSTE PARVULE. *HERPESTES PARVULUS.*

Décrite sous ce nom par M. le professeur SUNDEVALL
et découverte par le voyageur suédois WAHLBERG, dans
la Cafrerie; se trouve indiquée ici comme acquisition récente pour la science, et vu qu'elle n'a point encore été
admise dans les catalogues méthodiques les plus récents;
notre musée en a reçu un individu par M. SUNDEVALL.
C'est l'espèce la plus petite du genre mangouste; la queue
est aussi longue que le corps, couverte de poils courts
et sans pinceau terminal; son pelage est noir sur toutes
les parties; il est finement pointillé de brun-clair. Cette
courte diagnose suffit pour la distinguer de toutes ses
congénères.

La longueur totale des vieux est de 14 pouces, sur
laquelle la queue prend 7 pouces; distance du bord antérieur des yeux à la pointe du nez 7 lignes.

P a t r i e. l'Afrique méridionale.

Pour rendre ce travail plus complet et publier en
quelque sorte un *aperçu* de la monographie du genre
Herpestes, nous faisons suivre ici la description d'une
espèce, qu'au fait nous n'avons pu voir en nature, qu'on
trouve dans les districts de la Gambie, et qui, selon
des renseignements obtenus, vit aussi à la Guiné. Cette

espèce est désignée succinctement par M. Ogilby, dans les *Proceedings de* 1852, pag. 102, en ces termes :

Herpestes gambianus paraît être nouvelle pour la science. mais elle est en quelque sorte voisine de *H. villicollis* de l'Inde[1], elle est toutefois beaucoup plus petite que cette espèce, ne mesurant que 17 pouces du nez à la base de la queue, tandis que cette longueur est de 25 pouces dans *Villicollis*; sa queue est longue de 15 pouces, tandis que celle du *Gambianus* n'a que 9 pouces 6 lignes. La couleur générale est formée d'annelures grises et brunes, plus claires à la tête, au cou et aux épaules, et melée de beaucoup de rouge sur la croupe et les cuisses; ces dernières le sont presque totalement. La queue a beaucoup de noir et elle est terminée par une petite touffe d'un noir pur, sans que ce noir soit plus étendu sur cet organe. La gorge et les cotés du cou sont d'un brun-pâle argentin; la poitrine, le ventre et la face interne des membres sont rougeâtres; la partie inférieure de la jambe ou les pieds seulement, sont noirs; elle porte encore comme caractère marquant, une bande brune sur les cotés du cou; celle-ci s'étend à partir des oreilles jusqu'aux épaules.

---

[1] Voir Bennet, *Proceed.* 1335, pag. 66, et Fraser *Zool. typ.* pl. 8, figure-très exacte de la livrée uniforme, non annellée de l'adulte. Le jeune de cette espèce, long de 12 pouces, porte, dès cette première période de la vie, la bande longitudinale brune sur les cotés du cou, et le dernier quart de la queue est déjà d'un noir parfait. Son pelage est long et touffu; il est brun sur le corps et aux membres, ayant le bout des poils d'une teinte roussâtre claire; la croupe et la base de la queue sont d'un roux vif. Nos individus sont de Travancoor, côte occidentale de l'Inde.

Nous terminons cet aperçu monographique par la description de deux mangoustes, probablement nouvelles, ainsi que par les indications des espèces, trouvées par M. Peters à la côte orientale de l'Afrique, et qu'il vient de publier dans a zoologie de son voyage à Mossambique; ouvrage dont nous empruntons ce peu de lignes au moment de mettre sous presse.

MANGOUSTE FRANGÉE. *HERPESTES FIMBRIATUS.*

Cette espèce qui me paraît inédite, est facile à reconnaître de toutes celles connues aujourd'hui: les teintes très-claires dont tout le pelage est revêtu, jointes à une bande de couleur isabelle encadrant la queue, servent à la distinguer. Le nom donné à cette mangouste est emprunté à cette espèce de frange, dont tous les poils latéraux de la queue sont pourvus; l'individu parfaitement adulte, déposé depuis peu de temps dans les galeries du musée, m'est parvenu dans une collection d'animaux, tous originaires de l'Inde, ce qui me porte, quoique sous toute réserve, à l'admettre comme habitant de cette contrée du globe.

Les teintes claires à peu-près blanchâtres de la rôbe, proviennent de ce que le feûtre est blanc dès son origine, et que les poils soyeux sont annelés de bandes blanches et noires, toutes à bout terminal blanc; les parties inférieures sont aussi d'un blanc-terne. Les anneaux noirs et blancs ont une largeur plus considérable sur les poils soyeux de la queue, dont les soies latérales ainsi que celles du flocon sont terminées par une large bande de teinte isabelle; les extrémités des quatre membres sont d'un brun clair pointillé de blanc.

Longueur totale 22 pouces, y compris le flocon terminal de la queue, cette partie est longue de 11 pouces hauteur au train de devant 5 pouces 6 lignes; distance du bord antérieur des yeux à la pointe du nez 10 lignes.

Patrie. Probablement l'Inde, mais sans habitat bien déterminé.

MANGOUSTE MICROCÉPHALE. *HERPESTES MICROCEPHALUS.*

Les dimensions très-minimes de la tête, en rapport avec les autres parties du corps et des membres de cette mangouste, servent à la faire remarquer du premier coup-d'oeil, parmi toutes ses congénères.

Ce n'est pas seulement la petitesse du crâne, jointe à la finesse des dents, qui sert à caractériser notre espèce, ses oreilles sont aussi plus rapprochées des yeux, puis le museau est plus court et plus fluet que dans les autres espèces connues; quant au reste de ses formes, c'est la répétition de toutes celles des autres carnassiers de ce groupe; les couleurs du pelage n'offrent non plus quelque disparité ou dessin remarquable; c'est du reste sur la vue d'un seul sujet adulte, conservé dans nos galeries, que repose notre indication. J'en fis l'acquisition au Havre chez un marchand naturaliste qui n'a pu me dire d'où il l'avait obtenu.

Le pelage de notre individu est finement rayé et pointillé partout, de brun foncé et de couleur ocre-terne ; aucune des parties du corps ou des membres ne présente un autre dessin, si ce n'est le dessous du corps, dont le pelage est d'un blanc terne, dépourvu de rainures.

La robe est feûtrée et les poils soyeux dépassent les cotonneux du bout seulement. Ce pelage cotonneux est cendré à la base et terminé par une large bande d'une teinte ocre-terne ; les poils soyeux sont annelés, à partir de leur base jusqu'au bout, de petites stries ocracées et d'un brun noirâtre. Les anneaux formés par ces deux couleurs sont un peu plus larges sur les poils de la queue, et l'uniformité de teinte règne même jusqu'au pinceau terminal, rayé de la même manière.

Longueur totale 19 pouces 6 lignes, sur laquelle la queue prend 9 pouces 6 lignes. Longueur du crâne 1 pouce 7 lignes ; distance du bord antérieur de l'oreille au museau 1 pouce 4 lignes ; du bord antérieur des yeux au museau 8 lignes.

P a t r i e. Inconnue.

L'examen analytique des espèces nouvelles de mangoustes, observées par M. Peters dans les contrées orientales de l'Afrique, termine notre aperçu sur ce groupe. L'ouvrage qui les comprend porte le titre indi-

qué dans la note ci-jointe [1]. L'histoire des mammifères de cette contrée est la seule partie du voyage qui
voit le jour : c'est un travail remarquable et consciencieux, dans lequel les détails anatomiques et zoologiques
des animaux découverts et observés par M. PETERS, sont
décrits de la manière la plus parfaite.

Des quatre espèces de mangoustes nouvellement décrites par M. PETERS, deux, sous le nom de *Bdeogale*,
forment un sous-genre remarquable en ce que tous les
pieds sont munis de quatre doigts seulement ; elles diffèrent sous ce rapport des *Herpestes*, dont le nombre des
doigts est de cinq partout ; tandis que les *Cynictis*, autre sous-genre connu dans ce groupe, ont les pieds de
devant munis de cinq doigts et ceux de derrière de quatre. Le système dentaire est le même dans toutes ces
espèces. M. PETERS désigne ces petits carnassiers sous
les noms de BDEOGALE CRASSICAUDATA et PUISA, voyez planches 27 et 28 de l'ouvrage précité.

Par la nature du pelage ainsi que par les couleurs de
leur robe, ces deux espèces ressemblent à celles munies
de cinq doigts, que nous venons de décrire sous les
noms *Herpestes loempo* et *pluton*.

Dans le dit ouvrage se trouvent encore décrits et figurés, pl. 25 et 26, deux mangoustes à cinq doigts : HER-
PESTES UNDULATUS et HERPESTES ORNATUS. La première est
nouvelle, quoique voisine par les formes et par l'ensem-

---

[1] Naturwissenschaftliche Reise nach Mossambique auf Befehl seiner
Majestät des Königs FRIEDRICH WILHELM IV. *Zoologie*, part. I. Säuge-
thiere mit 46 Tafeln.

ble des couleurs du pelage avec notre *Herpestes micro-cephalus*, elle en diffère nonobstant par les proportions relatives des parties correspondantes, surtout de la tête ; elle est aussi moins grande, et le pelage, rayé à peu-près de la même manière, porte, toute-fois, des teintes différentes, même dans celles du feûtre dont le corps est couvert.

La seconde, *Herpestes ornatus*, figurée pl. 26, n'est point nouvelle ; c'est la livrée de saison sous laquelle se montre *Herpestes mutgigella* de Ruppell [1]. Parmi les individus de cette espèce que possède notre musée, s'en trouve un, exactement semblable à celui figuré par M. Peters ; un autre individu, revêtu en partie du pelage uniformément brun-noirâtre, tel que Ruppell décrit la *Mangouste mutgigella*, et en partie semblable à la *Mangouste ornée* de la planche 26 précitée, m'a servi à constater le changement de livrée que je viens de signaler. Nos deux individus sont de l'Abyssinie ; ayant été acquis très-récemment, M. Peters n'en a pu prendre connaissance lors du séjour qu'il fit à Leiden. Comme synonyme du *mutgigella* dans ce pelage de saison, doit encore être cité *Herpestes ochraceus* de Gray, *Ann. and Mag. Nat. Hist.* Vol. 4, série 2, pag. 376 ; il est aussi d'Abyssinie.

Les *Crossarques* ou mangoustes à groin, ont été dis-

---

[1] *Neue Wirbelt. Abyss.* pag. 29. pl. 9. fig. 1.

traits par **F. Cuvier** du grand genre *Viverra* de **Linné**;
ils forment aujourd'hui un sous-genre composé de deux
espèces, l'une de l'Afrique, l'autre de l'Inde continentale.
Ces espèces à muffle proéminent sont totalement planti-
grades, comme le *Suricate* (Rhyzaena), dont ils ont aussi
la formule dentaire.

L'espèce propre à l'Afrique ne vit point à la côte de
l'Est, mais elle est commune à celle de l'Ouest; M. **Pel**
nous en a envoyé de Guiné, et le musée en a reçu des
individus tués à Siera-Leona.

CROSSARQUE OBSCUR. *CROSSARCHUS OBSCURUS.*

Aevisa est le nom que cette espèce porte parmi les
nègres de la côte occidentale; on la dit fort répandue
vers le nord comme au midi. Cet animal se creuse des
terriers très-profonds, à plusieurs issues; il s'empare
aussi des éminences élevées par les termites, en s'y con-
struisant des galeries et des issues; son muffle proéminent et ses pieds fouisseurs, munis d'ongles longs et cro-
chus, lui sont d'un grand secours pour creuser sous terre.
Il chasse plus habituellement de jour que de nuit, et on
le voit souvent escalader les arbres. Il se nourrit de
petits mammifères et d'insectes; lorsque ces proies lui
manquent, il peut vivre également de fruits; en captivité
l'on peut le nourrir de bananes; mais on ne s'en soucie
guère, vu l'odeur qu'il exhale par la sécrétion puante
de la poche anale.

Tout le pelage est d'un brun-foncé, assez uniforme;

les poils sont durs, un peu relevés et courts; la tête et
la gorge sont garnies de poils très-courts, d'un brun-cendré clair; le dessous du corps est d'une teinte plus claire
que le dos. Les individus non adultes se distinguent
des vieux, en ce que la pointe des poils bruns du corps
et de la queue est terminée de couleur ocre-claire.

Longueur totale de l'adulte 24 pouces 6 lignes à 26
pouces, sur laquelle la queue compte pour 9 à 10 pouces; distance du bord antérieur des yeux à la pointe du
nez 1 pouce 6 lignes.

Crossarchus obscurus. Cuv. *Règne. Anim.* pag. 158. —
Martin, *Proceed. Zool. Soc.* 1854, p. 113, *Anatomie.* —
Wagner, Schreb. *Säugeth. Supp.* p. 229. — Schinz.
Syst. Verz. Säug., Vol. 1, p. 579. — Le mangue, F. Cuv.
Mamm. livr. 47.

Patrie. Les côtes occidentales de l'Afrique centrale.

Le genre *Paradoxurus* repose aujourd'hui sur un travail, comprenant les espèces qui peuvent être classées
avec certitude dans ce groupe des carnassiers semi-fru-
givores; j'en ai publié en 1855 la monographie, dans le
2ᵉ vol. des *Menogr. de mammalogie*, p. 512. M. Wagner,
dont le supplément à l'ouvrage de Schreber a paru en
1840, semble n'avoir eu aucune connaissance de ce travail, vu que son genre des paradoxures se trouve encore
encombré des citations nombreuses en double emploi,
toutes empruntées aux indications fournies de temps en
temps par les auteurs; ce qui fait, qu'on y trouve 15

espèces décrites et 7 autres indiquées comme douteu-
ses. M. Schinz, qui publia son système en 1844, n'a-
dopte que les sept espèces bien constatées, décrites dans
ma monographie précitée, plus quatre autres, sur l'existence desquelles le doute avait été émis dans leur
signalement.

Le paradoxure trouvé par M. Pel à la côte de Guiné
est au nombre de ceux précédemment connus ; il se
trouve indiqué sous le nom de *binotatus* dans les catalogues méthodiques. Il a pour synonyme reconnu et
adopté par M. Gray, l'indication de Paradoxurus Hamil-
toni, Gray, *Proceed.* p. 67, et Hardw. *Illustr. Ind.
Zool. avec une figure exacte*, c'est mon Paradoxurus binotatus, *Monogr. de mamm.* Vol. 2, p. 536, *et les figures
du crâne*, pl. 65, fig. 7, 8 et 9. L'on est prié de rectifier dans l'indication de *patrie*, que l'espèce se trouve à
la côte de Guiné et non pas dans l'Inde, côte de Coro-
mandel.

Pour la description du pelage de cette espèce, nous
renvoyons à celle, fournie dans la monographie précitée.

Depuis la publication de mon mémoire sur le genre
paradoxure, Vol. 2 des *monographies*, le musée des Pays-
Bas à obtenu une espèce nouvelle de Bornéo, due aux
recherches récentes, faites dans cette île par M. Schwaner :
nous en donnons la description succincte, afin de porter
ce genre au niveau des renseignements les plus récents.
Les acquisitions dans ce groupe portent le chiffre des es-

pèces, bien déterminées au nombre de celles inscrites ci-dessous et rangées par ordre de grandeur.

Les espèces marquées d'un (*) sont réprésentées, dans notre musée, par des sujets à l'état adulte.

(*) PARADOXURUS LEUCOMYSTAX. Sumatra et Bornéo.

        »   OGILBYI. Fraser, *Zool. typ. pl.*

(*)   »   LARVATUS. (Grayi, Nipalensis et Laniger) Himalaya et Thibet.

(*)   »   TYPICUS. Bengale.

(*)   »   MUSANGA. (Crossi et Pallasii Hard. pl.). Java, Timor, Bornéo, Sumatra et Malacca.

(*)   »   PREHENSILIS. Hard. pl. (variété constante du précédent). Java.

         »   LEUCOPUS. Inde.

(*)   »   BONDAR. (Pennanti, Hard. pl.). Népaul.

(*)   »   BINOTATUS. Guiné.

(*)   »   TRIVIRGATUS. Java et Sumatra.

         »   PHILIPPENSIS. Luçon.

(*)   »   STIGMATICUS. Bornéo.

PARADOXURE PEINT. *PARADOXURUS STIGMATICUS.*

Cette espèce inédite, repose sur la vue d'un individu unique, très-vieux et de sexe masculin ; il est de la taille du *P. trivirgatus*, auquel il ressemble par les formes.

La livrée de ce sujet paraît être celle d'été, le pelage étant court et lisse.

Tout le pelage de la nuque, des parties supérieures du corps, des flancs, des quatre membres et de la queue sont d'un brun roux, couvert d'un lustre argentin, en ce que les poils soyeux de toutes ces parties sont terminés de blanc-jaunâtre. La tête porte une teinte brune noirâtre à bout des poils d'un fauve lustré. Une bande longitudinale, d'un blanc pur, est étendue depuis le front jusqu'à l'origine du muffle et couvre l'arrête du nez. Les oreilles sont nues intérieurement et poilues à leur face extérieure à la base seulement. L'extrémité des pieds ainsi que le bout de la queue sont de couleur chocolat.

Longueur totale 5 pieds, sur laquelle la queue prend 19 pouces; distance du bord antérieur des yeux à la pointe du nez 1 pouce 5 lignes.

Patrie. Trouvé par M. Schwaner, sur le fleuve Doeson, dans les parties méridionales de l'île de Bornéo.

L'ordre des rongeurs (*glires* ou *rodentia*) est composé d'animaux répandus dans tous les climats et dans presque toutes les contrées du globe, même jusque sous les glaces du pôle. Dans cette grande famille des mammifères se rencontrent les espèces, dont l'organisation leur donne la faculté de se soustraire, par la torpeur, soit à la rigueur des frimats, soit aux privations qu'entraine le manque périodique des fruits ou des végétaux dont elles se nourissent. Par sa position comme par la nature de son climat, l'Afrique n'étant point exposée aux variations subites ou périodiques d'un froid rigoureux, il était rationnel de supposer qu'on n'y trouve aucune espèce, douée de la faculté si remarquable, de tomber dans un état d'engourdissement complet; toutefois, le Loir (*myoxus*), qui vit dans les régions de l'Équateur, est soumis à la torpeur périodique, absolument de la même manière que cet état à lieu chez les espèces de l'Europe, de l'Asie et de l'Amérique septentrionale.

Quoique l'Afrique équatoriale ne soit pas fort riche en genres et en espèces de rongeurs, on en compte toutefois plusieurs, très-remarquables, dont l'habitat parait avoir pour limites les contrées tropicales de ce vaste continent; tels sont les genres *Anomalurus*, *Aulacodus*, *Saccostomys* et *Cricetomys*. Le genre des écureuils (*sciurus*), s'y montre en espèces très-nombreuses; ces contrées, de même que celles de l'Océan archipélagique et de l'Amérique du Sud, sont d'une richesse remarquable en espèces de cette famille. Il n'en est point ainsi des petits genres fort nombreux de rongeurs, dont les demeures souterraines dérobent leur présence aux recherches durant la clarté du jour, et qui ne quittent leurs conduits obscurs, qu'afin de satisfaire aux besoins de leur existence. Animaux nocturnes, toujours difficiles à trouver, même dans les contrées où les espèces douées de ce genre de vie sont très-abondantes.

Jusqu'ici l'Afrique tropicale, plus spécialement la Guiné et la côte d'Angole, n'en ont offerts qu'un petit nombre; il est toutefois probable qu'on en trouvera plusieurs autres, dont la découverte sera vraisemblablement due à des cas fortuits, comme le sont presque toutes les captures des espèces de rongeurs subterranéens.

Nous venons de dire, que le genre *Sciurus* compte une série nombreuse de représentants en Afrique. Les espèces qui me sont connues comme habitants du littoral de l'Ouest, se montent au chiffre de 14, bien constatées; parmi lesquelles il s'en trouvent deux, qui paraissent s'éloigner des écureuils proprement dits par leurs habitudes subterranéennes. Nous en avons sous les yeux une série d'individus, tués à différentes époques de l'année ainsi que dans les divers états de l'âge, ce qui nous met à même de constater, que la double variété du pelage, propre au plus grand nombre de ces rongeurs, et dont les modifications opèrent des changements périodiques, très-remarquables, dans les couleurs de la robe de ces animaux qui vivent en Asie et dans ses archipels, ainsi qu'en Amérique, ne produit point des variations de cette importance sur le pelage des écureuils de l'Afrique et de l'Europe: leur livrée à une plus forte tendance à la fixité; elle se renouvelle en effet périodiquement, mais sans apporter des modifications très-marquantes dans les couleurs du pelage des deux saisons, et elle se reproduit, à quelques faibles nuances près, sous les mêmes conditions de la nature des poils ainsi que des couleurs de la robe. L'âge n'y apporte point non plus de différence notable, car les jeunes en quittant leur premier pelage, revêtent, dès la seconde mue, celui propre à l'état adulte ; pour lors ils ne diffèrent de leurs parents que par la taille seulement. Le pelage des écureuils de l'Afrique est formé, pour la plus grande partie, de poils soyeux longs et couverts de lustre ; le feûtre ne s'étend point au delà de leur base ; quelques espèces de ces rongeurs, les *Xerus*, manquent complétement de feûtre ou de pelage cotonneux ; ils n'ont que des poils soyeux rudes et repartis à claire-voie sur la peau, totalement nue dans les interstices de ces poils [1].

Nous remarquons encore, qu'en Afrique, les écureuils paraissent avoir un *habitat* très-circonscrit, leur demeure dans certaines limites depend sans doute de la constitution physique de ces contrées, qui ne sont point couvertes d'une continuité de forêts ; mais où celles-ci se trouvent entrecoupées de plaines et de déserts.

Les espèces exactement déterminées, trouvées sur les côtes occidentales de l'Afrique, sont :

(*) XERUS ERYTHROPUS. Sénégambie et Egypte.

(*)   » CONGICUS. Guiné et Congo.

(*) SCIURUS CANICEPS. Guiné.

(*)   » EBII. Guiné.

(*)   » ERYTHROGENYS. Fernando-po.

(*)   » MACULATUS. Guiné.

(*)   » PYRRHOPUS. Gambie.

(*)   » LEUCOSTIGMA. Guiné.

---

[1] Ces espèces sont: *Sciurus Setosus*, — *Erythropus* ou *Lucoumbrinus*, — *Congicus*, — *Rutilus* Cretchm ou *Brachyotus* Ehremb., *Flavivittis* Peters et *Getulus*. Nous les réunissons dans un petit groupe, en adoptant le nom de *Xerus*, proposé par EHREMBERG.

(*) Sciurus rufobrachiatus. Gambie.
(*)   »   annulatus. Sénégambie.
(*)   »   punctatus. Guiné.
(*)   »   gambianus. Gambie.
(*)   »   poensis. Fernando-po.
(*)   »   musculinus. Guiné.

Nous donnons à la fin de ces mémoires et comme appendice, quelques espèces d'Ecureuils et de Taguans nouveaux, que le musée des Pays-Bas à obtenu des naturalistes voyageurs dans l'Inde archipélagique.

XERUS DU CONGO. *XERUS CONGICUS.*

Cette espèce, obtenue par M. Pel en plusieurs exemplaires des deux sexes, comme aussi en individus d'âge divers, nous paraît nouvelle pour la science. Après avoir parcouru, en recherches vaines, tous les catalogues méthodiques, nous présumons que Kuhl en a fait mention sur un jeune qu'il vit à Londres, dans le musée britannique, ce qui nous fait adopter, quoique à regret, le nom d'une contrée. L'espèce est sans-doute peu connue et point encore répandue dans les collections. Elle prend rang parmi les écureuils terrestres et fouisseurs, dont le genre de vie les porte à se creuser des demeures souterraines entre les racines des grands arbres. Leur robe est dépourvue de feûtre et formée seulement de poils soyeux, longs et rudes.

Ce *Xerus* ressemble plus à son congénère, *S. erythropus* qu'au *S. setosus*, puisque les orifices des oreilles ont un lobe distinct, même assez proéminent. Les poils rudes et longs du dos et de la base de la queue, ainsi que ceux plus courts de la tête et de la nuque, ont une apparence brune-noirâtre, tous étant annelés de ces deux teintes et terminés de brun-roux. Sur les flancs une bande blanche, au dessous de laquelle le pelage est noirâtre ; les poils de cette partie, de même que ceux des côtes du cou, étant noirs, terminés de roux et de blanc. Les cuisses portent des annelures rousses et noires. La queue a des bandes assez larges, blanches et noires, à base roussâtre, ayant du blanc à la pointe. Les parties inférieures, poilues à claire-voie, sont blanches.

Longueur totale 17 à 18, un seul 19 pouces ; sur ce, la queue compte 8 pouces, ou 6 lignes en plus, suivant l'âge des individus. Des jeunes de 12, de 10 et de 8 pouces en longueur totale, portent le même pelage que l'adulte dans les deux sexes.

Patrie. Elle est commune sur une grande étendue de la côte, partout où les forêts touchent aux champs cultivés. Elle vit de millet et autres graines, est très-farouche et se retire de jour dans les réduits souterrains aux pieds des arbres, ou bien parmi les buissons.

ÉCUREUIL A TETE GRISE. *SCIURUS CANICEPS.*

Dans le groupe des écureuils proprements-dits, qu'on trouve dans les parties du littoral de l'Ouest, celle-ci est la plus grande; elle est à peu-près de la taille des espèces de l'Inde et de l'Archipel malais. La queue est très-longue et distique; les oreilles sont arrondies; les parties inférieures, mal couvertes de poils, sont à peu-près nues.

Les joues et toutes les parties du dessus de la tête paraissent colorées d'une teinte grisâtre, les poils étant d'un noirâtre annelé de blanc, et cette dernière couleur en occupant le bout. La nuque, les parties supérieures et latérales du corps et des membres, ainsi que la base arrondie de la queue sont couverts de poils soyeux, annelés de roux-vif et de noir; ce pelage moucheté est séparé de celui du ventre par une bande blanche, tracée sur les flancs entre les pieds, où elle vient aboutir; derrière les oreilles une tache rousse. Toutes les parties inférieures et la face intérieure des membres sont garnies, à claire-voie, de poils blancs.

La partie distique de la queue est large, formée de poils soyeux très-longs, annelés en dessus de larges bandes noires et d'autres plus étroites, d'un gris-blanc; en dessous elle est annelée de larges bandes rousses et de noires de moitié plus étroites; ces poils sont tous terminés de blanc pur.

Telle est la livrée parfaite de l'une des saisons de l'année; celle constante dans la saison opposée de ces climats, nous offre un pelage plus long, mieux garni de feûtre; tous les poils du corps, des membres et de la base de la queue sont noirs, à très-fines annelures d'un roussâtre clair, et cette teinte colore une grande portion de leur pointe, ce qui fait que cette livrée paraît être plus rousse que noire; la première de ces teintes domine seule sur les quatre membres. Le sommet de la tête et les joues conservent la même nuance cendrée noirâtre, indiquée pour la livrée de l'autre saison; le ventre est · aussi garni de la même manière de poils rares et courts; la bande latérale des flancs, de blanche qu'elle était dans l'autre livrée, est d'un gris mêlé de quelques poils bruns. La queue demeure annelée en dessous de bandes noires, fort larges, lesquelles alternent avec des bandes grises, plus étroites de moitié; en dessous elle est annelée diagonalement de fines bandes noires et grises, de largeur égale.

Dans cette livrée il se pourrait que ce soit Sciurus Stangeri, Waterh. *Proc. année* 1842, et Fraser *Zool. typ. pl.* 23; mais la description trop succincte et la figure peu soignée, ne peuvent nous servir de guide.

Longueur totale jusqu'au bout du flocon terminal de la queue, de 24 à 25 pouces, dont 12 à 13 pouces pour la longueur de la queue.

Patrie. M. Pel a trouvé cette espèce dans les grandes forêts vers les confins du pays des Fantes; elle ne se montre point dans le voisinage des côtes. Le musée a reçu plusieurs individus dans les deux livrées de saison.

ÉCUREUIL ÉBIÉN. *SCIURUS EBII.*

Moins grand que le précédent; queue distique jusqu'à la base; oreilles en demi cercle.

Tête, joues, oreilles ainsi que les quatre membres d'un roux de rouille ardent; nuque, dos et flancs très-finement pointillés de jaune et de noir; le dessous du corps et la partie intérieure des membres d'un roussâtre clair. La première moitié du dessous de la queue est annelée de bandes de largeur égale, noires et blanches, vers leur bout se trouve une bande noire fort large et leur pointe est blanche; la pointe terminale de cette queue est rousse, une bande noire entoure cette couleur et le bout de tous les poils est blanc.

Longueur totale de 21 à 22 pouces; dont 11 à 12 pour celle de la queue.

Patrie. Vit dans les grandes forêts de la Guiné, et se trouve dans les mêmes localités que l'espèce précédente, mais parait être moins abondante dans les parties boisées de Dabocrom. Le musée a obtenu deux individus tués dans le mois de Juin; la livrée que porte l'espèce dans une autre période de l'année ne nous est point connue.

ECUREUIL A JOUES ROUSSES. *SCIURUS ERYTHROGENYS.*

Le roux ardent dont les joues sont colorées, ainsi que la blancheur pure des parties inférieures et de la face intérieure des membres, permettent la distinction facile de cet écureuil parmi le nombre de ses congénères.

Le pelage est court et soyeux. Les parties supérieures paraissent d'un noirâtre brun, les poils se trouvant colorés à leur base de noir bleuâtre, et une large bande terminale, d'un roux-jaunâtre, en occupant la pointe. Sur ce pelage se voit une petite bande longitudinale d'une teinte claire, partant des épaules et aboutissant aux flancs. Les pieds sont annelés de noir et de blanc-jaunâtre. La queue n'est pas fort longue ni trèspoilue; en dessus les poils sont noirs terminés de blanc, puis roux à leur base; en dessous la queue est d'un roux ardent, et vers le bout des poils elle est noire.

Longueur totale de 14 à 15 pouces, sur laquelle la queue porte 6 pouces 6 lignes.

Sciurus erythrogenys, Waterh. *Proceed. Zool. Soc.* 1842, pag. 129. — Fraser *Zool. typ.* pl. 25.

Patrie. L'île de Fernando-po.

ÉCUREUIL MOUCHETÉ. *SCIURUS MACULATUS.*

Dans un des premiers envois de M. Pel, le musée en a

reçu plusieurs sujets de sexe et d'âge différents, revêtus d'une même livrée et qui ont été tués dans une
même époque de l'année, probablement celle du rut ;
leur pelage est approchant en tout point semblable par
la nature des poils comme pour les couleurs de ceux ci.
Quelques autres individue tués dans la saison opposée,
diffèrent plus ou moins par le pelage. La queue de cette
espèce est fort longue, distique dans la saison du rut,
arrondie durant le reste de l'année.

Vue à distance on la prendrait pour une espèce à livrée complétement noire, parce que la majeure partie
du pelage est en effet de cette teinte; mais vue de près,
ce pelage est couvert partout de petits points couleur
ocre, l'extrémité de tous les poils en étant peinte ; lorsqu'on relève ces poils, leur base feûtrée est d'un noir-
bleuâtre, puis ils ont une teinte jaunâtre-terne, suivie
d'une seconde bande noire intense et lustrée, la pointe
extrème est ocre : la tête, le corps, les membres et la
base de la queue portent cette marqueterie. La queue
est annelée partout de bandes noires, qui alternent avec
des stries très-fines et grises ; du rouge chatain couvre
la partie postérieure et intérieure des pieds de devant,
ainsi que l'abdomen et la partie intérieure des pieds de
derrière. Le ventre est d'un noir-cendré et la poitrine
ainsi que la gorge sont annelées de roussâtre et de noir.
La tête est grande et de forme ovoïde; les incisives sont
grandes, lisses et de couleur chatain.

Dans la saison plus ou moins éloignée de celle du rut,
le pelage est plus abondamment garni de feûtre, sans

que celui-ci offre des teintes disparates. La pointe seulement des poils soyeux est converte d'un grand espace roux-jaunâtre, ce qui fait que la livrée paraît moins noire, attendu que ce bout terminal roussâtre cache en partie la couleur noire du fond. La queue est de forme arrondie.

Longueur totale des vieux, de 20 à 21 pouces, dont la queue prend 11 à 12 pouces. Nous avons des jeunes de 14 à 15 pouces ; leur pelage ne diffère de ceux à l'état adulte que par des teintes moins vives, mais il est moucheté partout de la même manière.

Patrie. La Guiné, sur les bords des rivières couverts de forêts.

ÉCUREUIL AUX PIEDS ROUX. *SCIURUS PYRRHOPUS.*

F. Cuvier a fait connaître l'écureuil de cet article ; il le décrit sur l'individu vivant, parvenu à l'etat adulte, offert à la ménagerie de Paris par M. F. Prévost qui l'avait reçu de M. Mortemart. Cet individu adulte, fait partie aujour d'hui du musée de Paris ; le musée des Pays-Bas possède aussi un sujet de cette espèce, provenant de la même localité que celui de Paris ; mais dont la taille est moins forte, n'étant parvenu qu'à l'état de semi-adulte. La description de F. Cuvier, prise sur l'adulte, est comme suit.

Toutes les parties supérieures du corps, depuis la nuque jusqu'à la queue, ont une teinte verdâtre qui résulte de poils annelés de noir et de jaune ; ces poils sont noirs depuis la base, sans annelures qu'à leur pointe où ils en ont d'un jaune-verdâtre ; cette teinte devient un peu plus claire sur les flancs, et une bande blanche étroite, composée de poils uniformément blancs, naît à l'épaule et se prolonge en s'affaiblissant jusqu'au dessus des membres postérieurs. La queue à sa base en dessus est de la couleur du dos ; elle est d'un gris foncé dans tout le reste de sa longueur, les anneaux jaunes des poils étant devenus blancs, et ces anneaux ont dans tous les poils de la queue ainsi que les anneaux noirs, une bien plus grande largeur que dans les poils du dos. La tête à l'exception de la machoire inférieure, la moitié des bras, les avant-bras, les mains, les cuisses, les jambes et les pieds en dessus, sont d'un fauve vif et brillant. Toutes les parties inférieures ainsi que la face interne des membres sont blanches avec une légère teinte rousse.

Longueur totale 16 pouces sur la quelle la queue compte pour 7 pouces.

Sciurus pyrrhopus F. Cuv. *Mamm.* V. 4. liv. 66. — Wagn. Schreb. *Supp. Mann.* p. 215, sp. 59.

Patrie. L'île de Fernando-po, côte de Guiné.

ÉCUREUIL A LOBE BLANC. *SCIURUS LEUCOSTIGMA.*

Sur dix individus de cette espèce nouvelle, trouvés

dans des localités différentes de la Guiné, savoir sur la rivière Boutry et dans les forêts de l'intérieur, aucun ne diffère remarquablement par les couleurs du pelage ; tous sont à l'état d'adulte parfait ; aussi ont-ils été tués à peu-près dans la même saison de l'année, Mai et Juin, ce qui fait qu'on ne saurait dire positivement que les couleurs de leur pelage, dont la description se trouve notée ici, soit invariablement la même dans toutes les saisons de l'année, ni quelle différence cette livrée peut offrir dans le jeune-âge.

Sommet de la tête, parties supérieures du corps et de la queue noirs, à bout terminal des poils d'une teinte cendrée roussâtre, ou isabelle foncé ; tous ceux du dessus de la queue noirs à long bout terminal d'un blanc pur. Une petite bande couleur isabelle part de l'omoplate et aboutit à la cuisse. Le museau, les joues, les côtés du cou, les flancs, les pieds et la face extérieure des membres sont d'un brun terne, couleur chocolat. Toutes les parties inférieures sont d'un blanc parfait. La queue, un peu distique, est d'une teinte roussâtre depuis l'origine jusqu'a la moitié de la longueur des poils, puis elle est noire, le bout terminal de tous les poils est blanc. La partie extérieure du lobe des oreilles est d'un blanc pur, un petit liséré brun en marque le contour.

J'avais écrit ces lignes lorsque me parvinrent trois autres individus, tués par M. PEL, en Février et Mars ; ils diffèrent, par les teintes de leur pelage, des dix mentionnés ci dessus ; ils arrivent juste à temps pour compléter les indications relatives à cette espèce.

Le pelage de ces trois individus est plus abondamment

garni de poils laineux et les soyeux sont plus longs que dans ceux tués en été. Quoique la couleur du fond de la robe n'ait éprouvé aucune altération, toutefois, le bout terminal des poils soyeux a pris une autre teinte que celle propre aux individus tués en Juin et Juillet, ce qui fait qu'ils varient d'une manière remarquable les uns des autres, principalement par les teintes différentes du bout des poils; ce dont résulte une coloration plus ou moins disparate dans la livrée des deux saisons de l'année.

Ceux-ci diffèrent des précédents, en ce que la teinte isabelle du bout des poils est remplacée pas une couleur jaune-clair. La petite bande latérale des flancs, de couleur isabelle qu'elle était, est devenue d'un roux-clair. Les parties latérales du corps et des membres, indiquées ci-dessus comme peintes de brun terne, le sont d'un roux ardent et lustré. Les parties inférieures du corps, la queue ainsi que le lobe extérieur des oreilles, portent exactement les mêmes teintes que celles indiquées dans la description de l'autre livrée de saison.

Longueur totale des individus de la plus forte taille 14 pouces, sur laquelle 6 pouces 8 à 9 lignes pour la queue.

Patrie. La Guiné, sur les bords de la rivière Boutry et dans les forêts de la côte jusqu'aux confins du pays des Aschantes.

ECUREUIL A BRAS ROUGES. *SCIURUS RUBROBRACHIATUS.*

Sans prétendre attacher quelque importance systéma-tique à la forme de la queue dans le genre *Sciurus*, nous en faisons usage pour grouper ensemble un petit nom-bre de ces rongeurs, chez lesquels ce membre se pré-sente sous cette forme plus ou moins arrondie, dans tou-tes les saisons de l'année, et sans qu'on puisse trouver d'indice, que les poils de la queue s'écartent latérale-ment vers l'époque du rut, et qu'ils forment pour lors une queue plus ou moins applatie, qu'on est convenu de nommer *distique*.

L'espèce décrite ici, ainsi que celles dont il sera fait mention, ont en effet la queue plus ou moins de forme arrondie; nos individus acquis à Londres portent ce ca-ractère, indiqué aussi par M. WATERHOUSE dans la diagnose de cet écureuil, et réproduit dans la figure de FRASER; des individus capturés par ce naturaliste font partie du musée des Pays-Bas; ceux-ci, de même que les dépouil-les dont les naturalistes anglais font mention, parais-sent avoir été tués dans l'époque la plus éloignée du temps du rut; vu que leur livrée est garnie de poils feûtrés, longs et d'apparence terne.

La tête est courte, à peu-près arrondie; les incisives sont grêles et d'un brun ombre; les supérieures ont une fai-ble rainure, par laquelle on peut distinguer cet écureuil de tous ses congénères.

Le roux clair et le noir parfait sont distribués d'une manière uniforme, ils forment des annelures de largeur égale sur la tête, sur tout le corps et ses membres, ainsi que sur la partie basale de la queue ; l'abondance du feûtre fait que cette livrée paraît terne, quoique les poils soyeux se trouvent être lustrés. Le menton, la gorge, la poitrine et la partie médiane du ventre sont d'un jaunâtre terne, mais sur les flancs cette couleur est nuancée de cendré ; la partie intérieure des quatre membres est peinte de roux-rougeâtre, et cette couleur sert de marque distinctive à l'espèce. La queue, à partir de quelque distance de la base, est annelée de bandes noires et roussâtres.

Longueur totale jusqu'au bout du flocon de la queue 22 pouces, sur laquelle celle-ci prend 15 pouces. Les dimensions dans les *Proceedings* sont celles des individus à l'état de semi-adulte.

Sciurus rubrobrachiatus Waterh. *Proc. Zool. Soc.* 1842, p. 128. — Fraser *Zool. typ.* pl. 24, *figure exacte.*

Patrie. M. Fraser a trouvé cette espèce dans l'île de Fernando-po, côte de Guiné.

ÉCUREUIL A QUEUE ANNELÉE. *SCIURUS ANNULATUS.*

L'espèce décrite ici n'est pas nouvelle ; connue depuis bien des années, elle a été indiquée en 1820 par Desmarest, sous le nom porté en tête de notre article ; le lieu de provenance n'ayant pu être déterminé, il en est résulté que l'espèce n'a point été admise dans les catalogues méthodiques; toutefois, celui publié par M. Schintz, cite *l'annulatus* de Desmarest, en le classant avec doute, parmi les espèces des deux Amériques; Wagner Schreber supplément, le rapproche de *Sciurus Lewini* du Missouri; son *habitat*, bien déterminé aujourd'hui, est la côte occidentale de l'Afrique. Il fait partie d'un petit groupe, auquel, indépendamment des espèces citées ici, viennent se réunir *Sciurus multicolor* de Ruppell, trouvé en Abyssinie et *Sciurus cepapi* de Smith, du pays des Cafres.

Cet écureuil a le pelage d'un gris-verdâtre clair, provenant de ce que les poils sont gris à la base et terminés de jaune-roussâtre; tous sont annelés, à partir de la base, d'une large bande jaunâtre, suivie d'une noire plus étroite, que termine une bande jaune roussâtre. Menton, devant du cou, poitrine, ventre, et pattes d'un blanc assez pur; oreilles ovales, noires au bout et intérieurement; queue très-longue, ronde, annelée en travers de noir et de blanc.

Longueur totale de 17 à 20 pouces, sur laquelle on compte de $10\frac{1}{2}$ à 11 pouces pour la queue.

Sciurus annulatus, Desm. *Tab. meth. des Mamm.*, pag. 338, sp. 546.

Patrie. La Sénégambie, très-commun au Sénégal.

ÉCUREUIL POINTILLÉ. *SCIURUS PUNCTATUS.*

A juger d'après huit individus, tués à des époques

différentes, quoique assez rapprochées, de l'année, l'on pourrait présumer que l'espèce conserve la coloration de sa livrée dans toutes les saisons; si un neuvième individu, tué à une date plus éloignée d'un mois environ des huit autres, ne nous avait fourni la preuve d'une double livrée, à la vérité peu disparate de l'autre, mais qui produit cette différence du pelage, dans les deux saisons opposées de l'année, probablement par l'usure ou le dépérissement du bout des poils.

Sur quatre de ces individus, l'on ne voit entre-eux aucune différence de coloration. Le corps, la tête, les membres et la base de la queue sont d'un noir parfait, pointillé, sur toutes ces parties, de petites taches d'un roux clair; ces mouchetures proviennent de ce que chaque poil est annelé de deux petites bandes noires et de deux autres rousses, la dernière terminale, produit les petites taches disséminées à peu-près sur toutes les parties. La face est d'un roux clair et les moustaches y prennent naissance. Tout le dessous du corps, du cou, ainsi que la face interne des membres sont d'un blanc paraissant terni, vu que la base des poils est d'un teinte foncée. La base de la queue est colorée comme le dos, le reste est annelé de bandes noires, assez larges, et par d'autres plus étroites, d'un roux clair; leur bout terminal est blanc; la pointe extrème de la queue est roussâtre.

Un individu, revètu de ce pelage sur la majeure partie du corps, nous a offert aux joues et sur les côtés du cou les indices du changement de la livrée. Les parties indiquées sont annelées, à distance égale, de petites stries

noires et blanches, la strie terminale de cette couleur produit des mouchetures plus claires, sur ce fond
toujours noir de la robe, qui est pour lors régulièrement
annelée de noir et de blanc.

Longueur totale des vieux 14 pouces ou 6 lignes en
plus, dont la queue prend 9 pouces.

Patrie. L'espèce est commune dans toutes les forêts
de la Guiné, mais elle semble choisir de préférence celles du bord des rivières.

ÉCUREUIL DE GAMBIE. *SCIURUS GAMBIANUS.*

Encore un de ces noms de lieu, de district ou de
rivière, dont les naturalistes anglais sont si prodigues dans
les épithètes, qu'ils donnent aux animaux, notés par eux
dans les *Proceedings*, voir année 1855 , p. 103 ; où l'espèce
est indiquée en ces termes.

Cet animal appartient au groupe des écureuils à oreilles arrondies, non touffues, et qui ont une queue cylin-
drique, couverte de poils courts, non distiques.

La partie supérieure du corps et la base de la queue,
sont d'une couleur brune uniforme de souris, avec une
légère teinte de jaune rougeâtre, partout pointillée
de gris, vu que les poils sont annelés de noir et de
blanc jaunâtre. La queue est longue, couverte de poils
courts, ayant à sa base la même couleur uniforme du
dos; mais annelée ou rayée depuis là jusqu'au bout de
bandes nombreuses noires et d'un gris-brun clair, exac-

tement, est-il dit, comme est marqué le dos de la *Ry-zena* et de *Herpestes fasciatus*. Toute la longueur du corps est de 9½ pouces et la queue de même.

Il est difficile d'émettre une opinion sur cette espéce, qui parait être voisine de la précédente; mais elle est plus grande et différente par les teintes du pelage. Son nom indique qu'on la trouve sur la rivière de Gambie: est-ce à la source où bien vers l'embouchure de ce fleuve qu'il faut la chercher?

ÉCUREUIL POENSIS. *SCIURUS POENSIS.*

Sans doute nommé ainsi par abréviation de Fernando-po, nom d'une petite île non loin de la côte de Guiné, sur laquelle une factorerie anglaise est établie? L'espèce est indiquée par le Dr. Smith, dans l'un ou l'autre écrit périodique, à nous inconnu; le nom seulement a été cité dans les *Proceedings de* 1835, à l'article du *Sciurus gambianus*, où il est dit, que ce *Poensis* diffère du *Gambianus* par sa petite taille, ses couleurs disparates et sa queue non annelée; dès lors j'ai cru que ce pouvait être la même espèce, que celle obtenue en plusieurs individus de la Guiné; espèce que nous décrivons maintenant ci-dessous, au risque de fournir double emploi d'un nom nouveau dans un genre, qui en comprend déjà un chiffre si remarquable: de plus heureux que nous dans la recherche du *Poensis*, pourront trancher la question d'identité ou de différence spécifique.

ÉCUREUIL SOURISSEAU. *SCIURUS MUSCULINUS.*

Dans le premier pelage de saison, les poils cotonneux ou le feûtre étant plus abondant que dans l'autre pelage, il en résulte quelque différence, à la vérité peu remarquable dans les deux livrées de cet écureuil. Toutes les parties du corps, de même que la queue, sont d'une teinte grise-noirâtre uniforme, quoique très-finement pointillée de roux. La queue est longue, arrondie, unicolore, mais pourvue de poils longs ; le ventre est teinté légèrement de roussâtre clair.

Le feûtre qui domine dans l'une des saisons est d'un noir bleuâtre, les poils soyeux plus rares, sont finement annelés de roux et terminés de noir.

Le feûtre moins fourni dans une autre période de l'année, est caché par les poils soyeux plus abondants ; ceux-ci sont couverts de lustre et finement annelés de roux ; leur pointe extrème est d'un roux vif ; ce qui fait que ces petits points sont mieux marqués.

Longueur totale 11 pouces 6 ou 8 lignes, sur laquelle 6 pouces 6 ou 7 lignes pour la queue.

Le pelage des jeunes de l'année, dont la longueur totale ne dépasse pas 6 pouces, est partout de couleur de souris, sans aucune moucheture.

Patrie. Répandu dans toutes les localitées boisées de la Guiné.

Le genre *Pteromys* peut-être subdivisé convenablement en trois sections ou sous-genres; savoir, les *Anomalures*, les *Taguans* et les *Polatouches*. L'Afrique nourrit dans ses contrées équatoriales les trois espèces distinctes du premier de ces groupes; espèces remarquables, connues depuis peu et qui ont longtemps échappé aux recherches faites dans les contrées qu'elles habitent. Celle de taille intermédiaire a été introduite dans le système par le naturaliste anglais Waterhouse, sous le nom *Anomalurus Fraserii*, type de ce sous-genre, et que le naturaliste Fraser a rapporté de l'expédition sur le fleuve Niger. L'autre, plus forte de taille, approchant de celle des grands Taguans de l'Inde, a été trouvée par notre voyageur Pel, dans le pays des Fantes; plusieurs individus ainsi que des squelettes ont été envoyés par lui à notre musée. La troisième ou la plus petite de ce groupe nouveau, n'a point encore été introduite dans les catalogues de nomenclature. A l'exemple de M. Waterhouse, qui donna à l'espèce type le nom du naturaliste anglais, aux recherches duquel la connaissance en a été due; je me suis empressé à faire hommage de notre acquisition nouvelle à M. Pel, qui en fit la capture dans ses pérégrinations à la Guiné, et pour que nul autre ne nous ravit cette découverte récente, seulement en lui imposant un autre nom, l'espèce à été publiée immédiatement sous celui d'*Anomalurus Pelii*, dans la monographie du genre *Pteromys*; travail que M. M. Schlegel et Muller publiaient à cette époque, dans une des livraisons de l'ouvrage sur la Zoologie de nos possessions dans l'Inde [1].

Le genre *Anomalurus* a été fondé par M. Waterhouse, sur des caractères osteologiques plus ou moins disparates de ceux reconnus aux *Pteromys*. Leur crâne est plus long quoique formé sur un modelle semblable ; les dents en nombre égal ont aussi la même forme. Les *Anomalurus* manquent de tout vestige d'arcade post-orbitale ; l'orifice anteorbital est grand et de forme ovalaire, l'arcade zygomatique est aussi plus grêle que dans les *Pteromys*. La colonne vertébrale compte 10 vertèbres dorsales et 15 côtes, tandis que chez les *Pteromys* il n'y à que 7 dorsales et 12 côtes ; ces derniers ont 4 vertèbres lombaires et les *Anomalurus* en ont 5 ; ceux-ci ont à la queue 52 vertèbres, tandis que les *Pteromys* n'en ont que 26 seulement. Le tendon servant de soutien à la grande membrane des flancs, trouve attache, dans les *Pteromys*, aux os métacarpiens ; dans les *Anomalurus*, ce tendon est uni au coude et prend attache à l'apohyse de l'olécrane.

Les caractères zoologiques présentent aussi des différences, au moyen dèsquelles il est facile de reconnaître les espèces de ces deux groupes de rongeurs, munis d'un parachute. Le caractère le plus saillant se voit dans les écailles cornées, nues et rugueuses, au nombre de 14 à 16, dont le dessous de la queue est garni, à partir de la base jusqu'à peu-près la moitie de sa longueur ; ces écailles alternent entre-elles et sont superposées les

---

[1] *Verhandelingen over de Nat. Gesch. der Nederl. Bezitt.* pag. 108.

unes sur les autres comme des tuiles; leur extrémité
saillante est en forme d'arête pointue, tournée en dehors,
afin qu'elle puisse fournir à l'animal un soutien dans
l'ascension du tronc des arbres qu'il veut escalader. Une
autre forme disparate de celle propre à tous les *Pteromys*,
existe dans le point d'attache du fort tendon, servant de
support à la grande membrane des flancs; ce tendon,
au lieu d'aboutir aux os métacarpiens, est fixé á l'apo-
physe olécrane, ce qui fait que les *Anomalurus* ont tout
l'avant-bras et la main libres, tandis que les *Pteromys*
n'ont de libre que l'extrémité de ce membre; dans tout
le reste des formes extérieures, l'on ne voit aucune différence organique entre les espèces de ces deux groupes, si ce n'est dans la forme des oreilles, courtes et
arrondies chez les *Pteromys*, longues et ovoïdes chez les
Anomalurus.

Les mœurs et la manière de se nourrir, des uns et
des autres, sont à peu-près les mêmes. Les *Anomalurus* sont seulement doués de moyens plus puissants de
support du corps, surtout lorsqu'ils veulent monter au
tronc perpendiculaire des arbres, dont les couronnes portent les fruits qui leur servent de nourriture : dans cet
acte d'ascension, la partie écailleuse et rugueuse de la
queue leur sert de point d'appui, ainsi que de moyen
plus prompt pour s'élever, par des bonds et des sauts,
sur l'écorce des arbres, contre laquelle ils se cramponnent
au moyen de leurs pieds; pour lors ils agissent absolument à la manière des *pics*, aidés à cette fin de leur
queue à pennes raides et élastiques. Leur chute du faîte
d'un arbre qu'ils veulent abandonner pour en escalader

un autre, a lieu exactement de la même manière que le font les *Pteromys*; les uns et les autres étendent à cette fin leurs membranes de support, ils parviennent ainsi, soutenus et à l'aide de ce parachute, a atteindre le point voulu du pied de l'arbre voisin qui doit leur servir à en escalader le sommet. Leurs demeures habituelles sont les grandes forêts, à la lisière desquelles ils se rendent vers l'entrée du crépuscule: de jour, ils se retirent à l'abri des voûtes sombres, où ils se cachent dans les trous vermoulus des grands arbres. On les voit le plus habituellement par paires, rarement plusieurs réunis. Ils se nourrissent de fruits.

ANOMALURE DE PEL. *ANOMALURUS PELII.*

Pelage long, lisse, bien fourni, très-doux et manquant de poils soyeux, dont est composée la queue seulement; moustaches très-longues. Livrée noire et blanche.

Toutes les parties supérieures du corps, la majeure partie des membranes, les membres en dessus, la tête et le devant du cou d'un noir profond et couvert de lustre. Le chanfrein, une touffe derrière l'oreille, le bord extérieur de la membrane des flancs, celui plus étendu de la membrane caudale et la base de la queue d'un blanc parfait. Tous les poils soyeux de la queue sont d'un blanc teint légèrement de roussâtre; ils sont rudes, longs, particulièrement ceux vers le bout qui est terminé par un pinceau de poils très-longs.

Les oreilles sont longues, nues, mais poilues à leur base extérieure, d'où naissent les touffes blanches. Le dessous du corps est couvert d'un pelage abondant, de couleur grise, à extrémité des poils noirâtre. Les membres en dessous, ainsi que les membranes n'ont que des poils rares et blanchâtres. L'iris des yeux est brun. Les sexes n'offrent pas la plus légère différence dans les teintes du pelage ; celui que porte le jeune âge ne nous est point connu.

Longueur de l'adulte de forte taille à peu-près 3 pieds, sur lesquels la queue jusqu'au bout du pinceau, prend 20 pouces. Distance du bord antérieur des yeux à la pointe du nez 1 pouce 2 lignes. Hauteur des oreilles 18 lignes.

Patrie. M. Pel a trouvé cette espèce remarquable pendant le séjour qu'il fit à Dabocrom, dans les contrées boisées du pays des Fantes et vers les confins de celui des Aschantes.

ANOMALURE DE FRASER. *ANOMALURUS FRASERII.*

D'un quart moins grand, dans toutes ses dimensions, que le précédent ; la queue plus courte que le corps. Nature du pelage et formes comme ce dernier ; des poils soyeux raides couvrent une partie de la membrane des flancs.

Pelage de toutes les parties supérieures du corps, des

membres, de la tête, de la prémière moitié de la queue
et des membranes d'une teinte noirâtre, nuancée de fauve, les poils étant noirs depuis leur base et terminés de
fauve-roussâtre; cette dernière couleur domine sur l'é-
paule, où elle forme, de chaque côté, une grande tache
produite par l'étendue plus considérable de la teinte
fauve à la pointe de ces poils. A la partie basale de
l'oreille se trouve une touffe de poils, d'un noir parfait;
ce noir profond couvre aussi les joues et entoure les orbites des yeux, mais chez les vieux individus seulement:
ceux-ci ont le bout des poils du dos d'un roux plus
foncé que les jeunes. Les poils qui garnissent la membrane des flancs vers le tendon de soutien, sont rudes et d'un
noir parfait. La queue, depuis la moitié de sa longueur
jusqu'au bout, est garnie de longs poils rudes et noirs.
La gorge est d'un gris-noirâtre. Le dessous du corps
est blanchâtre jusqu'à l'âge de semi-adulte, et plus ou
moins roussâtre chez les vieux. Les deux sexes ont le
même pelage. Les oreilles nues ainsi que le museau sont
couleur de chair.

Longueur totale de l'adulte de très-forte taille 24
pouces, sur laquelle la queue compte 10 pouces; distance du bord antérieur des yeux à la pointe du nez
1 pouce; hauteur des oreilles 15 lignes.

Anomalurus Fraserii. Waterh. *Proc. Zool. Soc.* 1842,
p. 124. — Fraser, *Zool. typ*, pl. 22. — Pteromys Der-
bianus. Gray, *Ann. and. Mag. Nat. Hist.* 1842, p. 262. —
Pteromys squamicaudus. Schintz, *Syst. Verz. Mamm.*,
p. 58, sp. 20.

Patrie. Trouvé par M. Pel dans les mêmes localités

habitées per l'espèce précédente, mais elle y est bien plus rare que son congénère. M. Fraser a rapporté de l'île Fernando-po les individus du musée britannique, et le musée des Pays-Bas en possède aussi de la même localité.

ANOMALURE LAINEUX. *ANOMALURUS LANIGER.*

Nous établissons cette espèce sur l'examen d'une seule dépouille, obtenue sans désignation précise, dans l'un des envois adressés par M. Pel au musée des Pays-Bas, il nous marque l'avoir obtenue d'occasion ; quoique mal préparée elle est d'ailleurs en bon état de conservation ; le lieu de provenance n'est pas connu ; toutefois, l'on peut présumer qu'elle vient de l'une ou de l'autre factorerie de la côte, plutôt que de l'intérieur, vu que les peaux préparées par les nègres indigènes sont toujours mutilées et sans aucun os, tandis que dans celle-ci le crâne et quelques os des membres sont demeurés intacts.

Cet anomalure nouveau, moins grand que le précédent, lui ressemble par les formes ; mais la nature du pelage ainsi que les couleurs offrent des disparates remarquables. L'indication succincte suffira pour s'en convaincre.

Pelage court, touffu, ébouriffé, laineux et crépu partout,

hormis à la queue, couverte de poils soyeux, courts et rares; celle-ci est terminée par des soies un peu plus touffues et plus longues. La membrane qui unit la queue aux membres postérieurs garnie, sur le bord, de poils soyeux, disposés à claire-voie et la dépassant.

Couleurs des parties supérieures du corps, des membranes et des membres d'un gris terne, paraissant comme saupoudré de blanchâtre, tous les poils étant gris depuis leur base et terminés de blanc terne; cette teinte grise-cendrée prend un ton roussâtre-clair le long de l'épine dorsale et sur la nuque, tandis que des teintes plus blanches se voient aux côtés du cou et à la région de l'omoplate. Sur ce pelage cotonneux se trouvent repartis quelques poils soyeux, disséminés à claire-voie; ceux-ci sont plus rapprochés et forment bordure de la membrane qui unit la base de la queue aux membres postérieurs. La gorge et la poitrine sont d'un roux de rouille, et le reste des parties inférieures du corps d'un blanc roussâtre. La partie libre de la queue est couverte de poils bruns, rares et courts; le bout terminal en porte de plus longs, noirâtres et formant un pinceau court.

L'individu du musée des Pays-Bas est le seul observé jusqu'ici, il paraît n'avoir point atteint son développement parfait, il se trouve à l'état de semi-adulte.

Longueur totale 16 pouces, sur laquelle 7 pouces pour la queue; hauteur des oreilles 9 lignes.

Patrie. La contrée où habite cette espèce nouvelle n'est pas exactement connue, on peut cependant lui donner, en toute sécurité, la côte occidentale comme lieu de provenance.

LOIRE DE COUPÉ. *MYOXUS COUPEI.*

Je n'ai pas été à même d'examiner le nombre nécessaire d'individus du Loire murin du cap Sud, non plus que d'un autre à gorge rousse, pour m'assurer de l'identité spécifique, qu'on présume avoir lieu entre les indications du *Myoxus erythrobronchus* de Smith [1], et *Myoxus murinus* de Desmarest [2]. Quelques naturalistes croient que ces indications doivent être réunies. M. Smuts du Cap concidère le *murinus* comme le jeune de *l'erythrobronchus*; je ne saurais toutefois, affirmer ni le pour ni le contre; il ne m'est non plus clairement démontré que ce sont deux livrées de saison de la même espèce, et que ces deux livrées auraient pu donner lieu au double emploi de nom. L'opinion émise par M. Smuts me paraît spécieuse; toutefois, dans le doute sur l'identité ou la disparité de fait, il paraît convenable de laisser provisoirement subsister les deux noms, admis aujourd'hui dans les catalogues systématiques.

Il paraît que le genre *Graphiurus*, formé par F. Cuvier, et dans lequel deux espèces se trouvent énumérées, est une de ces coupes artificielles, comme il s'en trouve

----

[1] Smith, *Zool. Journ.* 4, pag. 438.
[2] *Mammal.* pag. 542.

plusieurs dans les systèmes, créées par le génie de l'innovation et que le compilateur admet sans examen préalable ; ce n'est qu'un démembrement arbitraire du genre *Myoxus*, établi sur la forme des dents moins fortes, usées et plus lisses de couronne que celles du Lérot muscardin. M. Ogilby et les autres naturalistes anglais n'admettent non plus le genre *Graphiurus*.

Notre *Coupei* de la côte occidentale de l'Afrique, ressemble par la taille et par la structure totale à son congénère Sud-africain ; mais il s'en éloigne par la forme des oreilles, qui sont plus petites, à lobe moins haut, surtout moins large, de forme ovoïde, un peu droit et sans replis ; il a aussi toutes les parties supérieures de la tête, du corps, ainsi que la queue en totalité, d'un gris-clair uniforme, un peu rembruni le long de l'épine dorsale ; les joues, à partir du bord inférieur des yeux, le menton et toutes les parties inférieures sont d'un blanc pur. Les poils de la queue sont graduellement plus longs à partir de la base vers la pointe, où ils diminuent de nouveau en longueur jusqu'au bout ; tous ces poils ont une couleur grise uniforme, absolument de la même teinte que le dos. *Les jeunes.* L'adulte ne nous est point connu.

Longueur totale 7 pouces, sur laquelle 3 pouces 6 lignes pour la queue ; hauteur des oreilles 4 lignes ; largeur 3 lignes.

Myoxus coupei. F. Cuvier, *Mamm.* Vol. 2, pl. *figure*

exacte du jeune. — Isid. Geoff. *Dict. class.* Vol. 9, pag. 484. — Wagn. Schreb. *Säug. Suppl.* Vol. 5, pag. 273.

Patrie. La Sénégambie et la Guiné.

Quoique le genre *Mus*, tel qu'il a été établi par le premier fondateur du système de la nature, ait été divisé et subdivisé depuis ce temps en un très-grand nombre de genres et de sous-genres; que les découvertes importantes d'espèces inconnues à Linné, ignorées même de ses premiers disciples, soient venu augmenter de plus du double et bien près du triple, le chiffre des petits rongeurs qu'on réunissait jadis en un seul grand groupe; le genre *Mus*, tel qu'il est réduit aujourd'hui en des limites mieux circonscrites, n'en demeure pas moins une des coupes méthodiques de la famille des rongeurs, encore fort nombreuse en espèces distinctes; ce chiffre augmenterait considérablement par une moisson abondante d'espèces inédites, si les voyageurs qui exploitent des contrées encore imparfaitement connues, sous le rapport de leurs productions en histoire naturelle, voulaient se donner la peine de prendre plus de soin et de diriger mieux leurs travaux, pour l'acquisition des petits animaux dont la vie est nocturne; ceux-ci, cachés pendant la clarté du jour dans leurs conduits souterrains, échappent toujours à leur investigation; aussi n'est ce, le plus souvent, que grace au hasard qu'on est parvenu à faire leur capture. Les procédés à employer pour se rendre maître d'un grand nombre de petits carnassiers

insectivores fouisseurs, ainsi que des petits rongeurs subterranéens sont cépendant bien faciles, l'application en
a été recommandée souvent.

Ils consistent à faire choix de quelques grands vases
en terre cuite, dont l'ouverture soit bien large, d'un pied
ou plus en circonférence; l'intérieur en doit être vernis;
la profondeur pourra satisfaire au but, lorsqu'ils pourront
contenir trois ou quatre pouces d'eau, laissant un ou deux
pouces entre l'eau et le bord du vase. Lorsqu'on se sera
assuré de la présence des petits mammifères nocturnes,
soit dans les champs ensemencés, dans les bois ou bien
dans les sentiers, l'on enfouira ces vases de manière à
ce que leur bord soit à niveau du terrain, ou mieux de
quelques lignes au-dessous de ce niveau. Les petits mammifères courant çà et là, tombent dans ces vases, s'y
noyent, ou bien ne peuvent s'en échapper, vu le poli de
leur bord.

En faisant usage de ce procédé, ou bien en disposant
convenablement des lacets de crin, l'on ne ferait plus
dépendre d'occasions purement fortuites, les moyens de
se procurer les petits mammifères dont l'existence, le
plus souvent, n'est même pas soupçonnée, tandis que
la chance probable de les étudier se présentera plus fréquemment.

Les petits mammifères insectivores de la Guiné ne
sont point encore parvenus à notre connaissance; ceux
du Damara, contrée située plus au Sud sur cette même
côte occidentale de l'Afrique, ont fait l'objet principal des
recherches du capitaine ALEXANDER. Les espèces nouvel-

les de ces contrées ont été indiquées par M. OGILBY, voir *Proceedings of the Zoological Society*, *année* 1838, *pag.* 5 , où on les trouve décrites sous les noms de *Macrocelides Alexanderi*, *M. melanotis* et *Chrysochloris damarensis;* parmi les petits rongeurs rapportés par le même capitaine anglais, se trouvent cités *Bathyergus damarensis* et *Myoxus elegans.*

Notre voyageur à la côte de Guiné, nous en a adressé quelques uns de cette famille, à la verité en bien petit nombre, mais parmi lesquels il ne s'en trouvent que deux connus et décrits; les cinq autres n'ont point encore été mentionnés; ils servent de preuve renouvellée que partout, dans quelque contrée du globe que ce soit, les naturalistes peuvent compter de faire des captures intéressantes d'espèces inédites de rongeurs subterranéens; parmi lesquelles nous trouverons indubitablement des formes nouvelles à faire connaître. Les cinq espèces que nous allons décrire, appartiennent toutes au genre *Mus.* Indépendamment de celles-ci, on trouve encore généralement répandu, sur toute la côte de Guiné, *Mus rattus*, *Mus decumanus* et *Mus musculus* d'Europe, dont la livrée ainsi que le genre de vie sont demeurés les mêmes que dans les contrées, d'où elles tirent leur origine.

RAT A DOS RAYÉ. *MUS VITTATUS.*

Le plus grand nombre des naturalistes, ceux même qui ont décrit et publié des figures de cette espèce, lui ont toujours donné le nom de *Mus pumilio* de SPARMAN, sans qu'ils se soient doutés des différences remarquables entre ces deux espèces. Elles sont en effet marquées, l'une et l'autre, de quatre bandes dorsales, on les trouve dans la même partie méridionale le l'Afrique, mais du reste, elles sont essentiellement distinctes. Le Dr. Wagner a fait le premier cette remarque, et les caractères qu'il indique pour reconnaître ces deux espèces sont très-exacts.

En effet, le *pumilio* se distingue du *vittatus* par sa taille moins forte ; par sa queue plus courte que le corps, totalement nue ; les quatre bandes du dos naissent d'une grande tache noire, couvrant la nuque ; l'orbite des yeux est entouré d'un espace plus clair que le reste du pelage, et le museau l'est de même. Ce *Mus pumilio* est plus rare au Cap de Bonne Espérance que l'espèce distincte dont nous allons donner le signalement.

Le rat à dos rayé ou *Mus vittatus*, est bien plus répandu au Cap que son congénère dont il à emprunté le nom ; on le trouve partout dans la colonie et dans le pays des Cafres ; M. Pel vient de l'envoyer de la Guiné, où il est très-commun et ne diffère point de ceux qui nous viennent des autres contrées plus méridionales.

Le pelage des parties supérieures du corps est généralement d'un fauve-grisâtre, nuancé irrégulièrement en teintes claires ou brunes. Quatre bandes parallèles couvrent le dos, á partir des omoplates jusqu'à la base de la queue ; ces bandes sont d'un noirâtre mêlé de teintes roussâtres, l'entre-deux de ces bandes est grisâtre. Les oreilles, de grandeur moyenne, sont rondes, couvertes intérieurement de petits poils roux, et leur bord antérieur est marqué d'une tache noire. La queue est plus longue que le corps, elle dépasse le bord antérieur des oreilles ; elle est couverte de petites écailles , médiocrement poilues et noires en-dessus, plus abondamment garnie en-dessous de poils bruns , puis terminée par un mince pinceau noir. — Les jeunes ont des teintes plus claires, mais leur robe est peinte de la même manière que celle des vieux.

Longueur totale, prise sur des individus très-vieux, 9 pouces, sur laquelle 4 pouces 3 lignes pour la queue ; hauteur des oreilles un peu plus de 6 lignes.

Mus vittatus. Wagn. Schreb. *Säug. Suppl.*, p. 435. — Mus pumilio. Brants, *Muizen*, p. 103. — Smuts, *Mamm.*, p. 30. — Smith, *Illustr. Zoolog. of South-Afric.*, pl. 46, fig. 1. — Rat a dos rayé F. Cuv., *Mamm. planche, figure exacte.*

Patrie. Depuis le Cap jusques sous l'Equateur.

RAT BARBARESQUE. *MUS BARBARUS.*

De la taille du précédent, auquel il ressemble aussi au total par ses formes, si ce n'est que celui-ci a les doigts des pieds de devant très-courts ; de prime abord l'on ne découvre que trois doigts , vu que les latéraux n'existent qu'à l'état rudimentaire ; ajoutez encore que les oreilles sont moins larges et par là de forme ovoïde.

Pelage des parties supérieures jusqu'au delà des flancs, d'un brun noirâtre, passant au roux-mordoré à la croupe et aux cuisses. Cette livrée est peinte d'une large bande dorsale, noire et lustrée, partant de l'occiput et terminée en pointe à la base de la queue; six petites bandes parallèles à celle du dos, couvrent les flancs de chaque côté, en passant sur les cuisses; ces bandes sont formées par une série des petites taches jaunâtres, faisant l'effet d'une robe couverte de maculatures. Les oreilles seraient totalement glabres, si leur bord interne supérieur n'était point couvert de poils très-courts et roux. La queue, aussi longue que le corps, est couverte de petites écailles, dans les interstices desquelles naissent des poils courts et rudes. La gorge, les parties médianes du cou et du ventre, ainsi que la face interne des membres sont d'un blanc pur. Les moustaches sont courtes et brunes.

Longueur totale 8 pouces 2 ou 5 lignes, sur laquelle pour la queue 5 pouces 6 ou 8 lignes; hauteur des oreilles 6 lignes.

Mus barbarus. Linn. *Syst.* 1, *part.* 2 *add.* — Schreb. Wagn. *Suppl.* Vol. 5, *pag.* 455. — Brants, *Muizen*, p. 120. — Benn. *Gard. and menagr.*, p. 29. — Wagn. *Reizen in Alger.* Vol. 5, p. 55, tab. 1. — Rat de barbarie, Desmar. *Mamm.*, pag. 504, sp. 485.

Patrie. Cette espèce à robe peinte avec recherche, vit dans les broussailles non loin des champs en culture; on la voit le plus souvent par couple, mais rarement de

jour ; à la Guiné, elle ne vit que dans les districts éloignés de la côte.

RAT TRIBANDE. *MUS TRIVIRGATUS.*

De la taille du précédent, mais la queue plus courte,
totalement glabre, à peine aussi longue que le corps, et
à oreilles petites et courtes.

Le pelage est court, lisse, lustré et couleur de souris
à teinte brune-roussâtre ; sur cette robe se trouvent trois
bandes noires, de longueur inégale ; celle du centre prend
origine au sommet de la tête entre les yeux, passe sur
la nuque, puis devenant plus large, suit la direction de la
colonne vertébrale en se terminant en pointe vers la base
de la queue ; la petite bande des deux côtés naît derrière
l'omoplate et aboutit à la croupe. Les oreilles sont petites, de forme ovoïde, couvertes intérieurement de poils
d'un roux-ardent et ayant une petite touffe de cette couleur à leur base antérieure. La queue est nue et lisse.
Le dessous du cou et du corps, de même que la face
interne des membres sont d'un blanc légèrement teint de
roussâtre. Les ongles de tous les pieds sont blancs, et
les moustaches brunes.

Les dimensions précises des sujets, dans leur dévélop-
pement parfait, nous manquent ; mais à juger de ceux
reçus à l'état de semi-adulte, ces dimensions ne peuvent
dépasser celles de l'espèce précédente.

Patrie. La côte de Guiné, dans les environs de Dabocrom.

RAT SIKAPUSI. *MUS SIKAPUSI.*

Cette autre espèce nouvelle, est d'un bon tiers plus forte que la souris d'Europe ; elle en a les formes, moins celle de la queue, qui est beaucoup moins longue, atteignant à peine la partie postérieure de l'omoplate.

Les couleurs du pelage des parties supérieures du corps et de la tête, diffèrent aussi fort peu, par leurs teintes uniformes, de celles de la souris commune ; ce sont des nuances plus ou moins foncées de noir cendré ou de gris noirâtre, mêlé de roussâtre ; mais ces teintes sombres colorent la moitié seulement du pelage ; en le relevant l'on s'apperçoit que leur partie basale est d'un roux clair ; cette couleur couvre aussi toutes les parties inférieures du corps jusqu'à l'anus. Les pieds sont bruns, munis d'ongles blancs. Les oreilles sont courtes, nues et arrondies. La queue est nue, couverte jusqu'au bout d'anneaux parfaits ; elle est noire en-dessus et grise en-dessous. Les moustaches sont courtes et noires.

Longueur totale 7 pouces, dont à déduire pour la queue 5 pouces ; hauteur des oreilles 5 lignes.

Patrie. La même localité que l'espèce précédente.

SOURIS ROUSSE-BLANCHE. *MUS ERYTHRO-LEUCUS.*

Commune dans les champs, cette souris semble se

plaire à la Guiné, comme notre *Mus sylvaticus* d'Europe dans les plaines cultivées, donnant la préférence à celles ensemencées de millet; elle a aussi les mêmes mœurs et ses formes ne diffèrent point, mais il y a disparité marquée dans la couleur du pelage.

Les parties supérieures du corps et de la tête sont d'un rougeâtre clair, paraissant terni; en relevant les poils de ces parties, leur base est d'un beau gris clair; les joues, les côtés du cou, les flancs et les cuisses ont des teintes cendrées rougeâtres; toutes les parties inférieures sont blanches. Les oreilles sont arrondies, nues et d'un brun clair. La queue, aussi longue que le corps et la tête, est couverte d'écailles blanches, garnies de poils ras. Les pieds et leurs ongles sont d'un blanc pur.

Longueur totale 7 pouces 3 ou 4 lignes, sur laquelle 3 pouces 7 lignes pour la queue; hauteur des oreilles à peu-près 6 lignes.

Patrie. Dans toutes les parties cultivées de la Guiné.

SOURIS SOURISSEAU. *MUS MUSCULOIDES.*

Ce pygmée dans la famille des rongeurs, par l'exiguité de ses formes, ressemble sous plusieurs rapports à une autre espèce infiniment petite, découverte récemment dans le pays des Cafres, inscrite sous le nom de *Mus minutoides* de Smith. Notre musée ayant obtenu du voyageur Wahlberg un individu de cette petite souris de la côte orientale de l'Afrique, nous sommes à même d'établir, par la comparaison, les diagnoses caractéristiques de ces deux espèces.

La dimension totale de l'une et de l'autre espèce est approchant la même ; *minutoides* ne porte que 3 pouces 7 lignes, et notre *musculoides* a seulement 2 lignes en plus. Le premier a les oreilles grandes, larges et hautes de 4 lignes ; le second les a petites, arrondies et hautes de 3 lignes ; l'un a le tarse long de $4\frac{1}{2}$ lignes, l'autre de $3\frac{1}{2}$ lignes. Le premier a la queue couverte à claire-voie de poils courts et rudes ; le second a une queue totalement nue. En relevant les poils des parties supérieures de l'un, leur base est couleur de plomb, à la quelle succède une annelure couleur ocre et leur pointe est noire ; chez l'autre, la base des poils est aussi couleur de plomb, mais l'autre moitié jusqu'à la pointe, est d'un brun-noirâtre. Ce sont là les différences les plus marquantes dans la comparaison en détail ; il n'est guère possible d'en indiquer d'aussi tranchées dans l'ensemble, ni dans la distribution des couleurs du pelage.

Il résulte de la coloration des poils dans *minutoides*, que tout le dos ainsi qu'une partie des flancs, sont teints de noir ou de noir mêlé de roux ; cette dernière couleur devient dominante sur les flancs, aux joues et sur les parties extérieures des membres, où elle forme démarcation nette et tranchée, avec le blanc parfait de toutes les parties inférieures. Les pieds sont gris et les ongles blancs.

Par la même cause des teintes moins compliquées de chaque poil, il s'en suit que *musculoides* a des couleurs plus pâles et plus ternes. Toutes les parties supérieures sont d'un brun foncé, qui prend une nuance roussâtre sur les flancs et les membres antérieurs, sans revêtir les cuisses ; la démarcation tranchée du roux des flancs et du blanc pur des parties inférieures est la même dans les deux espèces. Les pieds et leurs ongles sont d'un blanc parfait. Tels sont les résultats de l'examen comparatif, sur un sujet seulement, de chacune de ces espèces.

Je ne connais point, du moins pour l'avoir vu en nature, une autre petite espèce décrite par WAGNER sous le nom de *Mus modestus ;* on lui donne en longueur totale 5 pouces 3 lignes, des oreilles hau es de 5$\frac{1}{2}$ lignes et les tarses ont 7 lignes.

Patrie. Notre *musculoides* est de la côte de Guiné.

RAT ROUSSARD. *MUS RUFINUS.*

Cette espèce nouvelle appartient à la section des rats, dont notre *Mus decumanus* forme le type ; sous certains rapports elle ressemble à ce rat d'Europe, même jusqu'à provoquer l'idée que ce pourrait être une variété de climat de notre espèce commune, si toutefois, nous n'avions point la preuve certaine que notre rat *desman*, transporté par les navires européens à la Guiné, ainsi que dans plusieurs autres contrées du globe, continuait à pulluler sous ces climats divers en conservant partout le caractère primitif de son espèce ; la conviction nous en est fournie encore, par la comparaison de ce rat nouveau de la Guiné, aux individus du *decumanus*, obtenus de cette partie de l'Afrique.

Les différences notables entre cette espèce inédite et le rat *desman*, se trouvent dans la forme plus allongée du crâne ; la queue est plus grêle, quoique aussi longue, et les oreilles sont bien plus grandes en hauteur, surtout en largeur ; le pelage est mieux fourni et les poils sont rudes et plus longs.

La tête, les joues, la nuque, les côtés du cou, les pieds de devant, le dos jusqu'à la croupe, les flancs et la partie antérieure des cuisses, sont d'un roux terne, entremêlé irrégulièrement de noirâtre, vu que chaque poil, depuis la base, est d'une teinte foncée avec la pointe roussâtre. La croupe, la base de la queue et la partie postérieure des cuisses sont d'une teinte rousse-rougeâtre. Le ventre et la gorge paraissent être gris, parce que le pelage peu abondant, dont ces parties sont couvertes, est foncé à la base et blanchâtre à la pointe. La queue est noire en dessus et blanchâtre en dessous.

Nous ne pouvons déterminer les dimensions de cette espèce à l'état du développement parfait, nos deux individus ne l'ayant point encore atteint ; ils sont à l'état de semi-adulte ; ils présentent les dimensions en longueur totale savoir, 11 pouces, sur laquelle 5 pouces pour la queue ; hauteur des oreilles 9 lignes, leur largeur 7 lignes ; hauteur du tarse 9 lignes.

Patric. Elle infeste les demeures dans toutes les

parties de la Guiné ; sa manière de vivre est la même
que celle du *Mus decumanus*.

───────

Parmi les rongeurs qui nuisent aux recoltes, et dont
les dévastations sont un des grands fléaux pour l'agriculture dans les contrées, où cette industrie commence à
prendre quelque développement, on peut citer deux ennemis redoutables aux progrès des cultures, dans les
contrées tropicales de l'Afrique dont nous nous occupons :
Cricetomys gambianus et *Aulacodus Swinderianus*.

Le premier, décrit en 1840, à peu-prés en même
temps, par M. M. WATERHOUS et RUPPELL ; le second, dont
j'ai fourni l'indication, en 1827, sur un jeune individu, et que BENNET a fait connaître en 1831, à l'état de
développement parfait. Ces deux grandes espèces, munies de poches ou d'abajoues, forment chacune le type
d'un genre distinct dans la famille des rongeurs. L'une
et l'autre paraissent avoir échappées longtemps à la connaissance des naturalistes, aussi leurs dépouilles sont
elles rares dans les collections zoologiques. Des individus des deux sexes, parfaitement adultes, viennent d'être
obtenus au musée par les soins de M. PEL. Ici nous ferons mention des caractères ostéologiques, du moins de
ceux du crâne et des dents de ces deux types, pour n'a-
voir qu'à décrire les formes et la couleur de leur pelage
dans leurs articles respectifs.

Le crâne du *Cricetomys* est remarquable par sa longueur, aucun des autres types de la famille des rongeurs
ne lui est comparable sous ce rapport ; elle provient de

l'allongement des os du nez. Le trou entre-orbital est très grand et a une forme plus ou moins triangulaire. Les arcades zygomatiques sont moins développées et plus droites que dans les rats; les caisses auditives ont aussi un moindre volume. Les dents sont, à quelques faibles modifications près, de la même forme que dans les rats, leur nombre est égal. Les pieds et les doigts sont comme dans les rats, mais les doigts lateraux, de chaque côté, posent à terre et sont un peu moins longs seulement que les trois doigts du milieu, qui se trouvent être presque égaux. Le caractère le plus remarquable dans ce type, c'est l'existence d'un double appareil mammaire, dont j'ai été à même de vérifier la présence sur deux très-vieilles femelles; l'une d'elles nous est parvenu en peau, conservée à l'esprit de vin; l'individu était évidemment dans l'époque de l'allaitement, vu que les boutons des mamelles se trouvaient dans un état de développement extraordinaire. Il résulte de l'examen de ces individus, qu'indépendamment des quatre mamelles ventrales il s'en trouvent encore quatre autres à la poitrine, entre les jambes de devant; il est probable que ce double appareil sert à l'allaitement, tous les boutons de notre individu étant également développés.

D'une part, le *Cricetomys* est voisin des *Cricetus*, en ce que, comme ceux-ci, il est muni de poches labiaires, d'autre part, par le crâne, moins sa longueur dispro-portionnée, ainsi que par les dents et leur nombre, il ne diffère point des vrais *Mus*, tandis que le système d'allaitement combiné avec sa grande taille, servent à l'i-soler parfaitement de tous les autres rongeurs.

Le genre *Aulacodus* est une coupe dans cette famille, établie par moi, pour y classer ce rongeur de forme anorme, qu'à l'époque où parut cette définition systématique, je n'ai pu mentionner que sur un individu fort jeune; depuis ce temps, le naturaliste anglais Bennet c'est vu à même de compléter mes indications sur des individus dans leur développement parfait.

Aulacodus a le crâne solide et fort. La crête occipitale est très-haute, de même que l'interpariétale, ces crêtes sont tranchantes; les frontaux sont séparés par une rainure prolongée jusqu'entre les os du nez, formés en deux tubes accolés. L'ouverture entre-orbitale est très-grande, de forme ovoïde. Les arcades zygomatiques sont de longueur et de force remarquables, par contre les orbites sont petites et les caisses auditives peu développées. Le nombre des molaires est de quatre aux deux machoires; leurs couronnes émaillées sont carrées et il s'y forment des plis transversalement. Les incisives supérieures sont puissantes, en forme de demi-cercle; seulement la moitié intérieure de leur émail est silonnée de trois rainures profondes, les inférieures ont la même largeur, mais elles sont lisses. La plus forte longueur de la tête est de 3 pouces 6 lignes; sa largeur aux arcades est de 2 pouces 4 lignes.

Pour les autres détails du crâne ainsi que relativement à ceux du squelette dans le premier âge, l'on peut consulter *Monogr. de Mamm.* Vol. 1, p. 245, et la pl. 25.

CRICETOMYS GAMBIEN. *CRICETOMYS GAMBIENSIS.*

Les catalogues méthodiques ayant adopté ce nom, emprunté d'une rivière[1], il nous sert à désigner l'espèce remarquable, jusqu'ici la seule connue dans cette coupe méthodique; en 1840, M. WATERHOUS en donna le premier la notice dans une séance de la société zoologique de Londres; presque en même temps, M. RUPPELL en faisait graver le portrait sur un individu obtenu de Sierra-Leona, déposé dans le musée de Francfort; il lui donna le nom de *Mus goliath.* M. PEL vient de nous envoyer quelques individus, sous le nom de *Boetie,* qu'il porte à la Guiné, et sous lequel on le trouve indiqué dans BOSMAN; par conséquent priorité de nom d'un siècle et demi environ, que toutefois, nous ne revendiquons point.

A voir le *Cricetomys* de prime abord, on le prendrait pour un rat de forme gigantesque, tant il ressemble à ces espèces de rongeurs par les formes totales, ainsi que par quelques détails de son organisation extérieure; cependant, quelques formes moins apparentes lui ont valu à juste titre d'être distrait des rats, pour former un type distinct dans la grande famille des rongeurs; nous venons de mentionner ces caractères, dont le plus remarquable,

---

[1] Il n'est pas dit, si c'est de la source ou de l'embouchure de cette rivière que provient l'individu : comme lieu de provenance, ces localités peuvent cependant offrir une grande distance.

sans doute, est celui du double appareil mammaire, qu'il serait intéressant de mieux constater par des recherches à faire sur des individus en fonction d'allaitement.

Le *Cricetomys* a le pelage court, lisse, absolument comme les rats, un peu lustré et dépourvu de feùtre. Sa queue est comme celle des rats, longue et nue; ses oreilles sont droites, plus hautes que larges et totalement nues. Le sommet de la tête, la nuque, le milieu du dos et la base de la queue sont d'un brun-noirâtre, couvert de lustre; cette teinte sombre devient graduellement plus claire sur les flancs et sur les côtés de la tête; la partie inférieure des flancs, les cuisses et les jambes sont d'un brun-clair; la partie inférieure des pieds, les doigts, la face intérieure des membres, toutes les parties inférieures ainsi qu'une grande partie du bout de la queue, sont d'un blanc pur. La région des moustaches est nue et celles-ci sont noires. Les sexes ne diffèrent point par les couleurs du pelage. Les jeunes ont des poils courts et fort rares sur la face extérieure des oreilles et de la queue.

Longueur totale des individus à l'état du développement parfait, 2 pieds 2 pouces, sur laquelle 14 pouces pour la queue; hauteur des oreilles 1 pouce 2 lignes; longueur de la tête 3 pouces.

Cricetomys gambianus. Waterh. *Proc. Zool. Soc.* 1840, p. 1. — Wagn. Schreb. *Säug. Suppl.* p. 543. — Mus

goliath. Ruppell, *Muse. Senckenb.* 3. p. 114, pl. 9 et
10. — Boetie, dans Bosman.

Patrie. Une grande partie de la côte occidentale ;
commun à la Guiné, où ils se montrent souvent dans les
habitations, même jusque dans les forts ; ils font de
grands dégats dans les magasins et dévastent les champs
de maïs.

AULACODE SWINDÉRIEN. *AULACODUS SWINDERIANUS.*

Ce rongeur de la taille du chat sauvage, a toutes les
parties du corps revètues de poils soyeux, rudes, dépri-
més et rainurés, élastiques et à pointe piquante. La
longueur de la queue ne dépasse pas celle de la moitié
du corps. Les oreilles sont courtes, presque rondes, dépassant à peine le pelage. Les ongles sont longs, larges, bombés en dessus, évasés en dessous.

Tous les poils portent des annelures noires et rousses,
qui alternent, il s'en suit que les couleurs de la robe
offrent un mélange de ces deux teintes; mais la base
des poils ainsi que leur face interne sont d'une teinte
blanchâtre. Le ventre est couvert de poils blanchâtres annelés de brun ; ceux du museau, de la partie inférieure
des joues, de la gorge et de l'abdomen sont d'un blanc
pur. Les moustaches sont en partie brunes et blanches.
En dessus la queue est noire et roussàtre en dessous.

Longueur totale de 26 à 28 pouces, sur laquelle 7 pouces 7 à 10 lignes pour la queue; distance du bord antérieur des yeux à la pointe du nez 2 pouces; hauteur des oreilles 10 lignes.

Aulacodus swinderianus. Temm. *Monogr. de Mamm.* Vol. 1, p. 245, pl. 25, *le jeune.* — Benn. *Proc. Zool. Soc.* 1850, p. 111. — Wagn. Schreb. *Säug. Suppl.* pag. 528. — Waterh. *Mamm. Rodent.* Vol. 1, pag. 556, pl. 16.

Patrie. Une grande partie de l'Afrique centrale et littorale, depuis le pays des Cafres jusqu'à la côte de Mossambique, les côtes de Guiné et d'Angole. Ils y portent le nom de cochon de terre, rat de terre et rat des bois. Les dévastations qu'ils font dans les champs de maïs sont immenses.

Nous avons encore à citer deux rongeurs, au sujet desquels il ne m'est parvenu pour toute notice, que la certitude de leur existence à la côte de Guiné; l'un, du genre *Hystrix* ou Porcépic, est probablement *Hystrix cristatus*, l'espèce commune en Europe et qu'on trouve aussi dans les parties septentrionales et méridionales de l'Afrique; l'autre est du genre *Lepus;* mais cette espèce de Lièvre de la Guiné, se trouve seulement inscrit pour mémoire dans les notices de M. Pel; il y est dit, qu'à Apam et à Acra, il a vu un Lièvre, de la taille de notre Lapin d'Europe, à oreilles très-longues. Le musée, n'ayant obtenu aucune dépouille de ces deux rongeurs comme moyen de comparaison propre à constater l'espèce, nous en sommes réduits, pour le présent, à signaler leur présence sans autre détermination spécifique.

Parmi les *Manis*, genre de l'ordre *Edentata*, ou des mammifères dépourvus de dents incisives, se trouvent à la Guiné trois espèces peu communes dans leur pays natal, et fort rares dans nos collections zoologiques; deux sont du nombre des animaux récemment inscrits dans nos catalogues de nomenclature; ce n'est que depuis les recherches faites en Afrique, il y a quelques années, que la certitude a été acquise, qu'une de ces espèces, décrite par M. Smuts [1] sous le nom de *Manis Temmincki*, diffère essentiellement de *Manis laticaudata* ou Pangolin de Buffon, du continent de l'Inde, avec laquelle on l'avait confondue par erreur, dans les synonymes du *Pentadactyla* de Linné. Que l'autre, *Manis tricuspis*, d'abord prise pour le jeune-âge d'une autre espèce Africaine, a été citée comme identique du Pangolin à longue queue ou Phatagin de Buffon, mais depuis reconnue comme formant un espèce distincte, citée par M. M. Rafinesque et Sundevall. Elles se trouvent inscrites maintenant, l'une et l'autre, sous les noms indiqués dans les traités zoologiques les plus récents.

Les individus de ces deux espèces, lorsqu'ils sont parvenus à l'état parfait d'adulte, deviennent de plus en

---

[1] *Mammalogia capensis*, pag. 64.

plus rares dans la partie du littoral de l'Afrique, là, surtout, où la civilisation et l'agriculture font des progrès rapides parmi les indigènes. Ces animaux à allures lentes et de moeurs inoffensives, se dérobent difficilement aux poursuites des habitants, qui en font une grande destruction, soit pour se nourrir de leur chair, soit pour les dépouilles qu'ils employent à divers usages. Il paraît que la première de ces espèces se creuse des tanières, ou bien elle se cache dans les monticules élevés par les légions de termites, vrais fléaux de ces contrées, et parmi lesquelles ce Manis fait une grande destruction. La seconde vit toujours sur les arbres, où les fourmis forment aussi sa pâture; elle parvient à se dérober à la poursuite de ses ennemis en se retirant, de jour, dans les trous des arbres vermoulus. Le Phatagin ou Pangolin à longue queue, le même que *Manis longicaudata* de Shaw, se trouve aussi à la côte occidentale; notre musée possède trois individus de forte taille, l'un rapporté du Sénégal, l'autre de la côte de Sierra-Leona, le troisième de la Guiné.

MANIS DE TEMMINCK. *MANIS TEMMINCKI.*

Elle est parfaitement caractérisée et facile à distinguer de ses congénères, par sa petite tête, par la largeur considérable du corps, par celle de la queue, d'une venue à peu-près et de la même largeur que le corps; cette queue conserve sa forme dilatée jusqu'au bout, où elle est arrondie, on dirait même tronquée.

Les écailles [1] de la tête ont une forme ovalaire ; celles des parties supérieures du corps sont très-grandes, épaisses, marquées de rainures à leur base, mais lisses vers le bout; la grandeur de ces écailles en diminue le nombre total, comparativement aux espèces qui en ont de moins grandes, ou dont les dimensions des écailles sont fort petites. Comme nombre comparatif l'on peut admettre, que dans cette espèce on en compte seulement 20, de la tête au bout de la queue, tandis que dans *Manis laticaudata* de l'Inde, l'on peut porter leur nombre à 30, ou à ce chiffre approximativement pour la même distance. Les écailles latérales de la queue sont très-fortes et proéminentes, leur pointe est un peu contournée en-dehors ; la partie inférieure de cette queue a des écailles moins grandes de moitié que celles de dessus; toutes sont d'une teinte brune-verdâtre, puis jaunâtre à leur bord. Les parties inférieures sont nues; la peau est d'un brun-jaunâtre. Les pieds sort courts, revêtus d'écailles jusqu'aux ongles; les deux du milieu aux pieds de devant sont les plus forts, très-courbés et évasés en dessous.

Longueur totale du squelette, 29 pouces 6 lignes, dont la queue prend 14 pouces. Des deux sujets montés du musée, l'un porte en longueur totale 52 pouces, dont 15 pour la queue; l'autre 25 pouces, dont 12 pour la

----

1) Il est nécessaire qu'on soit prévenu, que le nombre des écailles par bande transversale, non plus que par série lougitudinale, ne peuvent prendre rang parmi les caractères essentiels, propre à distinguer les espèces. Le chiffre au total, où bien le dénombrement par série des écailles, varie individuellement et selon l'âge, dans toutes les espèces connues.

queue. Les écailles du dos sont longues de 5 pouces
6 à 8 lignes et leur largeur est de 2 pouces 1 ou 2 lignes. La largeur de la queue à la base est de 9 pouces
6 lignes; à petite distance du bout elle porte 5 pouces;,
mesure prise en suivant la courbure de ce membre.

Manis Temmincki. Smuts, *Mamm. Capens.*, p. 54. —
Benn. *Proc. Zool. Soc.* 1854. pag. 81. — Sund. *Acad.
Handb.* 1842. pag. 260. tab. 4. fig. 2 – 9. — Wagner,
Schreb. *Säuget. Suppl.* pag. 224.

Patrie. Il paraît que cette espèce était fort répandue anciennement dans plusieurs parties de l'Afrique,
aujourd'hui, partout où on la trouve encore, elle est rare, surtout le long des côtes fort peuplées, moins à
l'intérieur, vu qu'elle y est plus à l'abri des poursuites;
elle habite depuis le pays des Cafres jusque sous l'Équateur.

MANIS PHATAGIN. *MANIS LONGICAUDATA.*

Les Manis à longue queue, dont on connaît aujourd'hui
deux espèces, ont les forêts pour demeure habituelle; là
elles peuvent se soustraire facilement aux poursuites, sous
cette ombre protectrice, soit en se cachant de jour dans
les gîtes que leur offrent les troncs des vieux arbres, ou
bien à l'enfourchure des grosses branches, où elles se
roulent en boule. Sur les arbres comme à terre, leur
allure lente, mais assidue, est sans cesse à la quête
des termites, qu'elles poursuivent jusque dans les trous

vermoulus, les sondant au moyen de leur langue exten-
sible. Ces Manis, mieux organisés que les autres espèces
pour monter aux troncs des arbres, sont munis d'une
longue queue, dans laquelle elles trouvent leur point d'appui ; leurs pieds de devant, dépourvus d'écailles, à peu-
près jusqu'à l'épaule, permet à ces membres plus de liberté de mouvement, aussi s'en servent-ils pour escalader les troncs.

Indépendamment de sa taille et de sa longue queue,
cette espèce est caractérisée par la grandeur, l'épaisseur
et la nature solide des écailles ; elles sont de forme oblongue, ovoïde et lisse au bout, ce bout est d'un jaune-
ocre, leur partie basale est noire, couverte de rainures
rapprochées et n'allant point jusqu'au bout. Les pieds
de devant, à partir de l'épaule, sont couverts de poils
rudes et noirs ; le ventre en est aussi garni, mais à
claire-voie.

Longueur totale, prise sur le plus grand des trois individus du musée, 3 pieds 3 pouces, sur laquelle pour
la queue 22 pouces 6 lignes. Écailles à l'épine dorsale,
longues de deux pouces ou 2 pouces 3 lignes ; leur largeur est de 1 pouce 3 lignes.

Manis longicaudata. Shaw, *Gen. Zool.* Vol. 1. p. 183.
pl. 55. — Sundev. *Acad. Handl.* 1842. pag. 251. —
Wagner, Schreb. *Säug. Suppl.* p. 215. — Pholidotus
longicaudatus. Briss. *Règn. anim.* p. 51. — Manis tetra-
dactyla. Linn. Schreb. tab. 70. — Manis macroura et
africana. Erxl. et Desm. — Phatagin. Buff. Vol. 10.

pag. 180. pl. 35. — Pangolin a longue queue , Cuv. *Règn. Anim.* pag. 233.

Patrie. Le littoral de l'Afrique occidentale entre les tropiques ; assez commun à la Guiné.

MANIS TRIDENTÉ. *MANIS TRICUSPIS.*

Les écailles, dont la tête et le corps sont revètus, présentent des formes et une texture très-disparates de celles de l'espèce précédente. Elles sont minces, flexibles et élastiques ; leur forme est longue, droite, peu large et le bout est terminé par trois pointes, dont celle du centre est la plus longue ; celles de la queue sont plus larges et plus courtes toutes à extrémité tridentée. Les écailles sont rainurées jusqu'au bout ; elles ont une teinte brune très-claire. Les pieds de devant, à partir du coude, n'ont point d'écailles : la peau est nue, parsemée de quelques poils noirs. Toutes les parties inférieures sont couvertes de poils rudes et blancs.

Longueur indiquée par M. Fraser, en totalité 30 pouces dont 18 pour la queue. Le plus grand des individus de notre musée a 24 pouces, sur laquelle pour la queue 15 pouces. La longueur des écailles du dos est de 1 pouce 2 ou 3 lignes, et leur largeur de 7 lignes.

Manis tricuspis. Rafin. *Ann. des Scienc. Nat.* Vol. 7. pag. 215. — Sundev., *Acad. Handl.* 1842. pag. 252. — Wagn. Schreb., *Säuget. Suppl.* p. 217. — Jeune phatagin Daub. Buff., Vol. 13. pag. 194. — Manis multiscustata. G r a y, *Proc. Zool. Soc.* 1843. pag. 22. — F r a ser, *Zool. typ.* pl. 28.

P a t r i e. La côte de Guiné et l'île Fernando-po.

————

Il paraît que dans l'ordre des *Pachydermes*, l'Éléphant, le Rhinocéros et l'Hippopotame, ne peuvent plus être admis comme habitants des parties tropicales du littoral de l'Afrique. Ces grands mammifères, en bute à des poursuites incessantes, se trouvent aujourd'hui refoulés, de plus en plus, vers les contrées de l'intérieur où l'usage des armes à feu n'a point encore remplacé les moyens de destruction, inventés par les aborigènes pour se rendre maître de ces grands animaux; l'on ne cite plus de nos jours d'exemple de l'apparition d'un éléphant dans le rayon des factoreries européennes de ces côtes; l'ivoire qui y est apporté par les caravanes de l'intérieur, ne forme plus un article de commerce aussi important et lucratif, qu'il l'était encore au siècle dernier ; aussi les demandes de dents d'éléphant pour compte européen, dépassent remarquablement, dans toutes les factoreries, les moyens de faire face á cette branche importante de trafic.

Les genres *Phascochaeres*, *Sus* et *Hyrax*, sont parmi les Pachydermes les représentants de cet ordre à la Guiné ; les deux premiers, *Phascochaeres Aeliani* et *Sus larvatus*, peuvent même prendre rang au nombre des espèces rares, toujours peu nombreuses partout le long de la côte.

PHASCOCHAÈRE D'AELIAN. *PHASCOCHAERES AELIANI.*

Cette espèce, connue depuis un petit nombre d'années, diffère essentiellement de celle type du genre, décrite par Pallas sous le nom *Ethiopicus* ; au défaut des caractères ostéologiques servant à constater la disparité , les formes extérieures de ces deux espèces suffiraient, à elles seules, pour les déterminer exactement. La différence principale entre *Phascochaeres Ethiopicus* et *Aeliani* est que le premier n'a point d'incisives supérieures et quatre très-petites à la machoire inférieure , qui tombent dans un âge avancé ; le second a deux fortes incisives à la machoire supérieure, et six persistantes à l'inférieure.

Cette espèce est à peu-près nue sur toutes les parties du corps ; la peau brune , de couleur de terre , est parsemée de quelques soies rares. Entre les oreilles naît une crinière de soies très-longues et touffues , qui revèt la nuque ainsi qu'une partie de l'épine dorsale ; les soies, dont elle est composée sont brunes, réunies en petits faisceaux de trois à six crins, sortant d'un centre commun. Le bord de la machoire inférieure est ombragé par une barbe de crins blancs , contournés et relevés. Deux petites verrues s'élèvent sur la face , l'une au dessous de l'oeil, l'autre sur la joue. La queue est droite, nue, terminée par une touffe de crins. Les défences à la machoire supérieure sont longues et fortement courbées ; les inférieures sont plus droites.

Longueur du bout du museau à la base de la queue,
4 pieds 4 à 6 pouces; de la queue 1 pied 5 à 6 pouces ; hauteur aux épaules 2 pieds 2 pouces.

Sus aeliani. Wagn. Schreb. Vol. 6. pag. 483. pl.
326 A. — Kretschm. *Atl. Rupp; Voy.* pl. 25 et 26. —
Ph. Harvia. Ehrenb. *Symb. Phys.* pl. 20. — Schintz,
Säugeth. Vol. 2. pag. 354.

Patrie. Il paraît que cette espèce est répandue, en
nombre plus ou moins considérable, depuis le Nord de
l'Afrique jusque sous l'Équateur ; tandis que le *Ph. Ae-
thiopicus* vit depuis les colonies du Cap jusqu'au tropi-
que. Elle a été trouvée par Ruppell dans le Kordofan,
mais en plus grand nombre dans les parties orientales de
l'Abyssinie ; à la Guiné on ne la rencontre qu'en petites
troupes dans les forêst ; elle est de difficile approche, ce
qui fait qu'on la voit rarement.

SANGLIER MASQUÉ. *SUS LARVATUS.*

L'espèce de Sanglier de la Guiné est du nombre des
animaux qu'on ne saurait déterminer rigoureusement.
Les premiers européens établis dans les contrées tropicales de l'Asie et de l'Afrique, n'ont vus dans toutes
les espèces, trouvées dans ces climats divers, que le seul
type, à eux connu, du sanglier européen ; en effet, nous
voyons Bosman partager la même opinion, ce qui fait
que, jusqu'ici, l'on a toujours cru à l'existence de no-

tre *Sus scrofa* d'Europe, non seulement en Afrique, mais à peu-près partout dans l'Asie orientale , au Japon, aux Philippines, dans les îles de l'Archipel asiatique, jusqu'à la Nouvelle-Guiné. Nous avons déjà fourni ailleurs la preuve, que dans toutes ces contrées, les espèces du genre *Sus* qui s'y trouvent, sont bien différentes de notre sanglier sauvage d'Europe. Pour ce qui est de l'espèce des parties occidentales de l'Afrique, plus particulièrement de celle de la Guiné, nous ne pouvons, pour le moment, en rien dire avec quelque certitude, n'ayant pu jusqu'ici examiner la depouille d'un *Sus* de cette contrée. M. Pel nous marque dans ses notes, qu'à juger par la vue d'une peau mutilée, il croit reconnaître dans le sanglier des forêts de la Guiné, la même espèce que celle du Cap et des côtes orientales, connue sous le nom de *Sus larvatus*. Dans tous les cas, dit-il, l'espèce est rare dans les forêts de la côte, et les nègres ne la tuent que de temps en temps. — Ce n'est conséquemment qu'avec doute, que le nom de *Sus larvatus* peut être appliqué à cet habitant de la partie de l'Afrique, dont nous nous occupons; espèce qu'il nous tarde d'être mis à même d'examiner en nature, et sur laquelle M. Pel est invité à faire des recherches suivies.

Le genre *Hyrax* est composé, jusqu'ici, de trois espèces distinctes; ce sont *Hyrax syriacus*, *Hyrax capensis* et *Hyrax arboreus* ; la première du Nord et les deux autres des parties Sud de l'Afrique. Le naturaliste prussien Ehrenberg, en enumère encore trois autres, sous les noms de *ruficeps*, *dongolensis* et *habessinicus* : celles-ci purement nominales, doivent être réunies, les deux premières comme pelage de saison du vrai *Daman Israel*, tandis que la troisième ne diffère point du *Daman du Cap*. Notre voyageur PEL vient d'ajouter une quatrième espèce à celles précédemment connues ; elle nous à été envoyée sous le nom de *Hyrax arboreus*, mais elle est essentiellement différente.

Quoique cette espèce nouvelle présente par ses formes extérieures tous les caractères reconnus à ce genre d'animaux, que même, sa manière de vivre, ainsi que toutes ses habitudes soyent exactement les mêmes que dans *Hyrax arboreus* du Cap ; quelques formes organiques marquantes lui sont particulières ; celles-ci pourraient même servir à isoler notre espèce comme représentant d'un genre nouveau, si, en effet, la science pouvait y gagner quelque chose, en augmentant l'échaffaudage méthodique d'un nom générique de plus. Nous nous bornons à placer ce Daman nouveau, comme espèce voisine du Daman des arbres, auquel nous allons le comparer.

DAMAN DES FORÈTS. *HYRAX SYLVESTRIS.*

Le crâne de ce Daman à l'état parfait d'adulte, comparé au crâne d'un *Hyrax arboreus* du Cap, de même âge et égal de taille, offre ces différences, que celui de *Hyrax sylvestris* est plus court, tandis qu'il présente plus de largeur aux arcades ; le nombre des molaires aux deux machoires est de six dans *Sylvestris* ; dans *Arboreus*, ainsi que chez les autres espèces, l'état

normal est de sept partout. La même disparité se retrouve aussi ches les jeunes, lorsqu'ils sont munis de
leurs dents de lait: *Sylvestris* dans cet état, a trois
molaires seulement, tandis que dans *Arboreus* l'on en
trouve quatre. Les pieds, dans *Sylvestris*, sont plus
robustes, les doigts plus longs et plus gros que chez
Arboreus; celui-ci a le doigt externe des pieds de devant
rudimentaire; ce doigt est distinct et plus long dans *Syl-*
vestris.

A ces caractères s'en joignent quelques autres, purement zoologiques; *Hyrax sylvestris* a le museau, le menton et la région qui entoure les yeux, nus; ces parties
sont couvertes de poils dans *Hyrax arboreus*. Le premier
a la partie intérieure des oreilles parfaitement nue; chez
le second les oreilles sont totalement poilues, même garnies de longues touffes blanches. La longue touffe de
poils blancs qui recouvre la nudité glanduleuse du dos,
et qui est propre aux deux espèces, forme une bande
étroite dans *Arboreus*; chez *Sylvestris* elle est plus étendue; les poils très-longs sont de deux couleurs, et la
nudité glanduleuse occupe une espace plus considérable.

Pelage rude, long, mais peu garni de feûtre. Les poils
soyeux sont d'un brun noirâtre à leur base, et de là
jusqu'à la pointe ils sont noirs, annelés de roux-foncé
la face extérieure du lobe des oreilles est abondamment
garni de poils de la même couleur, mais la face intérieure est complétement nue. Vers la région des vertèbres lombaires existe une grande tache, dont les poils
très-longs sont d'un blanc pur à la pointe, et noir à la
base; ils couvrent une partie de la croupe; un large cer-

cle autour de l'orbite des yeux, tout le museau et le menton manquent de poils, si ce n'est les longues moustaches noires dont les lèvres sont garnies ; des crins longs et noirs naissent au dessus des yeux. La gorge est brune-noirâtre ; le reste des parties inférieures du corps est d'un brun-clair. Quelques longues soies noires se trouvent reparties, çà et là, sur ce pelage d'une teinte très-sombre.

Les jeunes de l'année ont le même pelage que dans l'adulte ; il est seulement moins foncé, à teinte grisâtre ; la tache du dos est plus petite, entourée de poils noirs ; ceux-ci couvrent aussi toute l'épine dorsale ainsi que le sommet de la tête.

Longueur totale 15 pouces ; du bord antérieur des yeux à la pointe du nez 1 pouce 7 lignes ; de toute la tête 4 pouces 6 lignes ; longueur de la plante des pieds de devant, depuis le talon au bout de l'ongle du plus grand des doigts, 1 pouce 10 lignes ; des pieds postérieurs, 2 pouces 5 lignes. Les dimensions de la plante nue des pieds, prises sur un *Hyrax arboreus* de la même taille, donnent pour les pieds de devant, 1 pouce 7 lignes ; pour les postérieures, 2 pouces 4 lignes.

Eiwia est le nom nègre de ce Daman ; les indigènes le désignent ainsi par immitation du cri assidu et perçant, dont, pendant la nuit, rétentissent les forêts ; il le répète incessamment, surtout lorsqu'il escalade le tronc des arbres chargés des fruits dont il se nourrit, et qu'il va chercher jusqu'au faîte ; aussi ne le trouve t'on que dans les grandes forêts. De jour il s'abrite dans les trous vermoulus des arbres les plus gros ; ceux-ci servent de demeure à sa progéniture ; il ne sort de cette cachette qu'à la chute du jour ; au clair de lune, les sons aigus qu'il répète sans cesse, décèlent sa présence, et le trahissent aux chasseurs.

Patrie. Cette espèce est fort abondante, depuis la côte jusque dans le pays des Aschantes ; on la trouve partout où le pays est couvert de forêts.

Le genre *Antilope*, tel qu'il a été établi par les naturalistes du siècle dernier, ne satisfait plus de nos jours aux besoins de la science ; il ne se trouve plus en harmonie avec les autres coupes méthodiques dans la classe des mammifères ; car, sous ce nom sont venus se grouper successivement une multitude d'espèces nouvelles, montant en total approximatif au chiffre de 90, distinctes et bien déterminées, parmi lesquelles il s'en trouvent plusieurs qu'on ne peut, sans inconvénient, réunir en masse dans un même cadre générique. Convaincus par ce fait et sentant la nécessité de soumettre ce grand genre à une révision méthodique, plusieurs naturalistes se mirent en devoir de proposer des classifications nouvelles, basées sur des coupes plus ou moins rigoureusement applicables aux espèces qu'ils réunissent dans ces divisions artificielles ; celles-ci fondées sur des caractères empruntés à des formes ostéologiques très-variables selon les espèces, comme selon la nature des contrées qu'elles habitent, ont été prises de la forme des larmiers, des pores inguinaux, d'un mufle nu ou couvert de poil, selon le nombre des mamelles, même sur la présence ou l'absence de brosses au genou. Ces formes plus ou moins modifiées, à peu-près dans chaque espèce, ou manquant totalement dans quelques-unes, ayant été employées comme caractères essentiels de division pour les groupes, ont du, nécessairement, conduire insensiblement à un luxe de genres, de sous-genres et de sections, conséquence inévitable des détails très-minutieux, sur lesquels on a voulu les fonder. Des caractères essentiels empruntés de ces formes, sont en effet propres à être appliqués avec succès aux espèces entre-elles, mais l'on ne saurait les adopter strictement, dans la coupe générique de plusieurs espèces réunies dans un tout générique. En somme, le naturaliste n'est guère plus satisfait de cette classification morcelée, hérissée de noms, qu'il ne l'était de la réunion des Antilopes en masse, sous une seule dénomination générique. Toutefois, ce ne sont point des naturalistes de second ordre qui ont pris part à ce travail de révision ; nommer GEOFFROY, SMITH, DE BLAINVILLE, OGILBY, SUNDEVALL et GRAY, c'est citer les hommes les plus éminents, sommitées réconnues dans l'étude des sciences naturelles. Il paraît que ces naturalistes ont eu le tort d'attacher une importance trop grande, même prépondérante, souvent exclusive, à l'emploi d'un caractère unique, pour eux essentiel, sur lequel ils essaièrent d'établir l'échaffaudage méthodique de leurs groupes nouveaux. Les coupes, quoique multipliées de manière à ne comprendre dans chaque cadre, qu'un nombre très-borné d'espèces, souvent deux ou trois, ou bien une seulement [1], renferment non obstant des espèces, que l'observateur de la nature est surpris de voir réunies dans une même coupe géneri-que, et que celui qui s'occupe de la classification d'une collection, se refuse d'admettre à cette place indiquée lorsqu'il veut repartir les espèces, et faire ainsi l'appli-cation de la méthode à l'arrangement de la série natu-relle des êtres. — Ces coupes trop nombreuses, offrent aussi l'inconvénient de surcharger la mémoire fort inu-tilement, d'une serie de noms vuide de sens, d'hérisser la classification de difficultées et de doutes sur la place que l'espèce doit occuper; puis de multiplier indéfini-ment les coupes dans une famille, lorsque celle-ci s'en-richit par la découverte d'espèces encore indéterminées.

Après m'être mis au courant de toutes les vues nou-velles, publiées sur la classification des *Antilopidées*, je n'ai pu adopter complétement et sans réserve aucune des méthodes proposées par mes devanciers. Pour le métho-diste elles peuvent offrir des principes et des indications fort recommandables, qu'on peut apprécier dans un li-vre, mais que le naturaliste, appelé à comparer la mé-thode avec la nature, ne trouve pas toujours en har-monie avec ce grand ensemble de la création.

Le musée des Pays-Bas m'a offert dans sa riche col-lection d'antilopes, que je suis parvenu à réunir dans nos galeries, le moyen de comparer en nature, à peu de

---

[1] A force d'établir des divisions et des subdivisions, l'on en est venu aujourd'hui à n'admettre qu'une seule espèce dans la coupe mé-thodique *Antilope*, c'est le *Pallah* d'Afrique, *A. melampus* à laquelle cette faveur est échue en partage.

lacunes près, le plus grand nombre des espèces connues, décrites ou figurées ; j'ai vu réunis sous mes yeux, le plus souvent les deux sexes, ainsi que les états différents produits de l'âge, ou dans les époques de la mue. Sans m'arrêter à aucune classification faite *a priori*, et basée sur tel ou tel caractère principal, j'ai groupé les espèces selon l'effet du coup-d'oeil comparatif sur l'ensemble des formes ; et je vais soumettre ici au jugement des naturalistes la classification, qui me paraît la plus naturelle à suivre. Le tableau ou l'exposé succinct que j'en donne dans cet écrit, n'est qu'une analyse du travail systhèmatique, réservé pour une autre publication [1] ; c'est un essai, un prodrome que j'offre à la sanction des naturalistes.

Les Antilopidées peuvent se diviser en deux grandes familles. Celles dont les femelles manquent de cornes, et celles chez lesquelles celles-ci portent des cornes plus grêles ou moins fortes que dans les mâles ; plus rarement une touffe de poils, sans cornes. Dans la série naturelle des mammifères, ces quadrupèdes doivent prendre rang après le genre des Cerfs (*Cervus*), et les dernières sousdivisions forment le passage aux genres des Boucs (*Capra*) et des Boeufs (*Bos*). Partant de ce système les espèces se présentent comme suit.

---

[1] Dans le troisième volume de mes Monographies de Mammalogie.

Première famille [1].

Femelles manquant de cornes.

LES DICRANOCÈRES. *GENUS DICRANOCERUS.*

(*) Antilope furcifer. (*Palmata*), Auct.

LES KEMAS. *GENUS KEMAS.*

(*) Antilope hodgsoni. (*Chiru*, Less.).

LES SAÏGAS. *GENUS SAIGA.*

(*) Antilope saïga. (*S. tatarica*).

LES NYLGHAU. *GENUS PORTAX.*

(*) Antilope tragocamelus. (*Picta*), *le Nilghaut* de Buffon.

---

[1] Toutes les espèces marquées en tête par un (*), existent dans les galeries de notre musée. Le plus grand nombre s'y trouve representé par les deux sexes et le jeune, trois par le crâne et les cornes seulement.

LES TRAGÉLAPHES. *GENUS TRAGELAPHUS.*

(ˈ) Antilope strepsiceros.
(ˈ)   »   euryceros.   (*Trommé, des Mandingues*).
            »   angasii.
(*)   »   sylvatica.
(*)   »   scripta.   (*Guib*, d e B u f f o n).
(ˈ)   »   decula.

Pour mémoire comme espèce douteuse, établie sur l'exa-men d'un fragment de dépouille, sans tête ni pieds, in-diquée sous les noms de Doria *et de* Zebra. *Lorsqu'elle sera mieux connue l'on pourra la classer dans l'une ou l'autre de nos genres. La manie de faire des espèces doit être bien entrainante, pour en établir, même sur des lambeaux de depouille d'un animal, qu'on doute encore que se soit effectivement une Antilope.*

LES ANTILOPES. *GENUS ANTILOPE.*

(*) Antilope gutturosa.
(ˈ)   »   picticaudata. (*Pro-capra*, H o d g.).
(*)   »   kob.   (*Adenota aequitoen*).
(ˈ)   »   cervicapra.   (*Adenota bezoartica*).
(ˈ)   »   melampus.   (*Le Pallah*).

LES ÉLEOTRAGUES. *GENUS ELEOTRAGUS.*

(*) Antilope ellypsiprimna. (*Water-bok*).
(*) » defassa. (*Sing-sing*, Bennet).
(*) » isabellina. (*Afzelius*) [1].
(*) » arundinacea. (*Eleotragus*, Licht.) [2].
(*) » redunca. (*Oureby*, Cuv.).
 » bohor. (Ruppell).

Le Kobus leché *de* Gray *ne m'est point connu, je le classe ici pour mémoire.*

LES CALOTRAGES. *GENUS CALOTRAGUS.*

(*) Antilope capreolus. (*Lanata*, Desm.).
(*) » quadricornis. (*Chouka*, Sund.).
 » subquadricornutus. (Elliot).
(*) » hastata. (Peters. *Mossamb.*).
(*) » oureby. (*Scoparia*, Licht.)
(*) » montana.
(*) » saltatrix, C. d. B. Esp. (*Oreotragus*).
(*) » saltatrixoides. (Abyssinie, Ruppell) [3].

---

[1] C'est, le *Riet-bok* des colons du Cap. de B. E.
[2] C'est, le *Roode-rhebok* ou *Kleine rietbok* des colons, *A. Lalandei.*
[3] Diffère autant et plus de l'espèce du cap Sud, que *Bubalis pygarga* diffère de *Bubalis albifrons.*

(*) Antilope tragulus. (*Steen-bok*).
(*)   »   rufescens. (*Vlakte Steen-bok* en *Bleek-bok*).
(*)   »   melanotis. (*Grijs-bok*).
(*)   »   saltiana. (*Hemprichi*).
(*)   »   moschatus. (Genus *Nesotragus*) !
(*)   »   spiniger. (Genus *Nanotragus*) !

Seconde famille.

Femelles munies de cornes, ou de touffes.

LES AIGOCÈRES. *GENUS AIGOCEROS.*

(*) Antilope nigra. (*Harris*).
(*)   »   equina.
(*)   »   leucophaea [1]. (*Blaauw-bok*).

LES ORÉAS. *GENUS OREAS.*

(*) Antilope canna. (*Oreas*, Auct.).
         »   derbyiana.
(*)   »   oryx. (*Gems-bok*).
         »   beisa.
(*)   »   leucoryx. (*Algazella*).
(*)   »   depressicornis. (*Platyceros*).

---

[1] Le mâle adulte du musée est l'individu type de la description fournie par Pallas. Nous avons le squelette d'un mâle très-vieux.

LES GAZELLES. *GENUS GAZELLA.*

(*) ANTILOPE ADDAX. (*Nasomaculata*, Blain.).

(*)   »   RUFICOLLIS. (*Dama*, Licht.).

(*)   »   HAMATA. (*Mytilopes*, seulement le crâne) [1].

(*)   »   SOMMERINGI.

    »   MOHRR. (*Dama*, Pall.).

(*)   »   SUBGUTUROSA.

(*)   »   EUCHORE. (*Pronk-bok*).

    »   LEUCOTIS. (Licht. Peters.) [2].

    »   LEPTOCEROS. (Mus. Par. Cuv.).

(*)   »   BENNETTI. (*Chikara*, Inde).

(*)   »   HAZENNA. (*Jaquemont*, Voyage).

(*)   »   DORCAS. (*Isabella*, Gray).

(*)   »   ARABICA [3]. (*Dorcas, ou Vera*, Gray).

(*)   »   KEVELLA. (*Corinna*, Sénégal).

---

[1] HAMILTON SMITH a donné une figure très-exacte des cornes et du crâne dans l'article *Antilope mytilopes*, qui est *l'Addax.*

[2] M. SCHLEGEL a vu cette espèce inédite dans les galeries du musée de Berlin. Il m'en a donné les indications suivantes. Les cornes fortement courbées en dehors et contournées en dedans vers leur pointe, couvertes de 26 anneaux. Taille de *l'Euchore*, mais à pelage plus long; partout d'un beau brun rougeâtre; oreilles, gorge et côté de la tête blancs; toutes les parties inférieures, la face interne des pieds et le devant des tarses d'un blanc pur. Cornes d'un brun jaunâtre.

[3] Voyez aussi *Cineraceus* ou le *Kevel-gris* de F. CUVIER.

LES CÉPHALOPHES. *GENUS CEPHALOPHUS.*

Antilope silvicultrix.

(*)   »   mergens.   (*Grimmia !* G r a y).

     »   coronata.   (G r a y).

     »   altifrons.   (P e t e r s , Mossambique).

     »   cambelliae.   (*Quid ?* G r a y).

(*)   »   ocularis.   (P e t e r s , Mossambique).

(*)   »   madoqua.   (Abyssin. , R u p p.).

(*)   »   pluton.   (*Niger ,* G r a y.).

(*)   »   natalensis.

(*)   »   ogilbyi.

(*)   »   dorsalis.

(*)   »   rufilatus.   (*Grimm ,* C u v. , *Jeune*).

(*)   »   maxwelli.   (*Guevi ,* C u v.).

(*)   »   pygmea.   (*Monticola !* G r a y) [1].

     »   melanorrhoeus.

     »   punctulatus.

L'on ne saurait classer ici ni ailleurs les espèces nommées Cephalophus Whitfieldi *et* quadriscopa *de M. M.* G r a y *et* S m i t h *, fondées, comme elles le sont, sur des indications succinctes et vagues , et portant sur l'examen de jeunes individus.*

LES CAPRICORNES. *GENUS CAPRICORNIS.*

(*) Antilope bubalina.   (*A. Thar ,* H o d g s.).

(*)   »   sumatrana.

---

[1] C'est , le *Blaauw-bokje* ou *Noemetje* des colons du Cap.

(˙) Antilope goral. (*Bouc du Népal*, Cuv.).
(˙)   »   americana. (*Mazama*).
(˙)   »   crispa.

LES CHAMOIS. *GENUS RUPICAPRA.*

(˙) Antilope rupicapra. (Alpina).
(˙)   »   pyrenaica.

LES BUBALES. *GENUS BUBALIS.*

(*) Antilope bubalis. (*Mauritanica*).
(*)   »   caama. (*Hartebeest*).
(*)   »   lichtensteini [1]. (Peters, Berlin).
(*)   »   senegalensis. (*Koba*, Erxl.).
(*)   »   lunata. (*Bastard-hartebeest*).
(*)   »   pygarga. (*Bonte-bok*).
(*)   »   albifrons. (*Bles-bok*).

LES GNUS. *GENUS CATOBLEPAS.*

(˙) Antilope gnu. (*Wilde-beest*).
(˙)   »   gorgon. (*Blauw wilde-beest*).

---

[1]) Espèce nouvelle, indiquée sous ce nom par M. Peters. Elle est voisine des *B. Mauritanica* et *Caama*, mais les cornes sont beaucoup plus larges et différemment contournées que dans ces espèces. Couleur généralement d'un brun-maron luisant, flancs d'un brun-jaunâtre. Extrémité du museau, lèvres et partie antérieure des pieds noirs. Le grand flocon noir de la queue s'étend jusqu'au tarse. Voyez Peters *Voy. Mossamb.* Vol. 1. p. 190. pl. 44.

Dans ce tableau des Antilopidées se trouvent plusieurs espèces indiquées dans les écrits des naturalistes sur les données fournies par les voyageurs, et qu'on énumère comme habitants de la côte occidentale de l'Afrique tropicale; plusieurs des grandes espèces sont notées comme provenant de ces contrées; mais nous savons positivement qu'elles ne vivent point jusque vers le bord littoral, couvert, fort avant dans l'intérieur, d'un ruban de vastes forêts, sous l'ombrage desquelles les grandes antilopes ne vont point chercher asile; celles-ci vivent retirées dans l'intérieur sur les grands plateaux montueux, ou bien dans les plaines très-étendues, dont ces parties de l'Afrique centrale sont couvertes; les dépouilles de ces animaux arrivent seulement de temps en temps, comme objets de commerce aux factoreries européennes de la côte, et c'est seulement par cette voie que le hasard nous en fournit la connaissance. Nous ne pouvons dès-lors comprendre ces espèces dans le cadre de cet écrit sur la côte de Guiné, et nous bornons nos indications aux espèces reçues par les soins de notre voyageur, ou bien qui ont été observées par les naturalistes anglais dans les parties de la côte occidentale, prises pour limites dans ce travail. Ces renseignements porteront sur deux espèces de taille moyenne; les autres indications se bornent aux petites espèces qui vivent dans les forêts du littoral, dont le plus grand nombre fait partie du sous-genre *Cephalophus,* et parmi lesquelles il s'en trouvent dont la découverte est fort récente.

TRAGÉLAPHE GUIB. *TRAGELAPHUS SCRIPTUS.*

L'une des espèces les mieux connues et des plus ré-
pandues dans les collections, quoique son habitat soit
borné aux limites équatoriales, qu'elle ne dépasse point
dans ses migrations ; on la voit rarement quitter les plaines, et son apparition à la lisière des vastes forêts dont
les côtes sont bordées, n'est nullement fréquente.

Cornes longues, droites, un peu comprimées, à deux
arêtes, tordues en spirale sur leur axe, avec l'extrémité
ronde et pointue sans anneaux. Un petit mufle. Point
de larmiers. Oreilles très-grandes. Point de brosses aux
poignets.

Pelage généralement fauve ou roussâtre, plus ou moins
foncé, marqué de taches et de lignes blanches nombreuses. Tête fauve; couleur du front et une ligne sur le
chanfrein noirâtre; oreilles brunes en dehors; une petite
tache blanche en avant de l'oeil et près du chanfrein, une
autre sous l'oeil, puis une troisième plus basse encore;
bout de la lèvre supérieure et dessous de la machoire
blancs; cou fauve, sans taches, plus clair en dessous
qu'en dessus. Une ligne dorsale, en continuation de crinière, tout le long de l'épine ; elle est formée de poils
raides, longs et noirs, entremêlés de poils blancs. Queue
fauve en dessus, blanche en dessous, noire au bout.
Flancs, épaules et cuisses marqués de sept à neuf bandes blanches, transversales, partant de la ligne dorsale,
traversées longitudinalement par une bande blanche, por-

tant obliquement du haut de l'épaule au pli de la cuisse
et croisant les lignes transversales ; quelques taches
blanches, plus ou moins nombreuses, sont reparties sur
les cuisses. Le ventre est plus ou moins noirâtre ; cette
teinte est étendue aux cuisses, qui sont plus ou moins
foncées selon l'âge des individus. *Le mâle vieux.*

La femelle manqué de cornes et de longs poils noirs
et blancs le long de l'épine dorsale ; cette espèce de crinière n'est bien développé que chez le mâle âgé de quatre ans.

Les jeunes de l'année, ceux reçus du Sénégal comme
ceux obtenus de la Guiné, portent les mêmes marques
distinctives des adultes ; chez les mâles la crinière dorsale est indiquée par des poils plus longs, blancs et noirs ;
une petite touffe de poils contournés marque la place que
les cornes doivent occuper ; le ventre est roussâtre et
sans aucun indice de teinte noirâtre. Les sujets du Sénégal ont en général des teintes d'un roux plus terne
et plus pâle que ceux de la Guiné.

Longueur totale, mesurée depuis le bout du museau
jusqu'à l'anus, 4 pieds 6 à 8 pouces ; hauteur du train
de devant 2 pieds 6 pouces ; du train de derrière 2 pieds
8 pouces ; longueur des oreilles 3 pouces. La hauteur
des cornes chez les vieux mâles est de 9 pouces ; celles
des mâles âgés de 4 ans ou plus jeunes, n'est que de 5
à 6 pouces.

TRAGELAPHUS SCRIPTA. Hamilton. — Gray, *Knows.*
Menag. pag. 28. — ANTILOPE SCRIPTA. Pall, *Miscell. Zool.*

1. pag. 8. — Schinz, *Säuget.* Vol. 2. p. 428. — Wagn. Schreb, *Säuget. Suppl.* Vol. 4. pag. 442. — Le guib. Buff. Vol. 12. p. 305 et 327, pl. 40 et 41 fem. — Cuv. *Mamm.* Vol. 4. *femelle.* Vol. 6, *mâle vieux, parfait.* — Harness antilope. Penn. *Syn.* p. 27. — Schreb. *Säuget.* pl. 258. *mâle jeune.*

Patrie. La Sénégambie, le pays des Aschantes et la Gambie, où elle vit en grandes troupes. Il n'est nullement prouvé qu'on l'ait aussi tué dans l'Afrique méridionale; sa demeure habituelle est l'Afrique centrale.

ANTILOPE KOB. *ANTILOPE KOB.*

Une espèce peu connue et fort rare dans les collections; elle à été admise dans les systèmes sur l'indication fournie par Buffon sur la *Petite vache brune* d'Adanson, qui en a rapporté un crâne muni de cornes, trouvé par lui au Sénégal, et dont Buffon donne une bonne figure pl. 34. fig. 1, sous le nom de *Kob;* nom emprunté aux nègres mandingues. Sur ces données a reposé jusqu'ici l'animal, dont nous donnons une description plus détaillée. Ce nom de Kob a été donné depuis Buffon à quelques autres espèces distinctes; mais nous devons à M. Gray les premières indications exactes, et à M. Fraser, la figure coloriée de cette belle et rare espèce, que nous allons décrire sur le mâle adulte, obtenu récemment au musée.

Taille approchant de celle du *Cervus dama*; formes massives; queue de médiocre longueur; terminée en un pinceau de poils assez longs. Des larmiers peu étendus et un petit mufle nu. Pelage grossier, abondant, de longueur moyenne et bien fourni; les poils du dos, à partir des os du bassin jusqu'à l'omoplate, contournés en avant.

Pelage des parties supérieures du corps, des cuisses, de la partie extérieure des pieds, du cou et de la tête d'une même teinte couleur de rouille ou roussâtre vif, qui devient moins intense vers la région ventrale et la région des yeux; celle-ci est blanche ainsi que la base et la partie interne des oreilles; les lèvres, le menton, la poitrine, le ventre, la partie intérieure des cuisses, ainsi que celle des pieds de devant sont d'un blanc pur; la face extérieure des oreilles est d'un roux-clair et leur pointe est terminée par un croissant noir. La partie supérieure de la queue est d'un roux-clair; en dessous et au flocon terminal elle est d'un blanc pur. Les pieds de devant sont marqués dans toute leur longueur, et ceux de derrière depuis la moitié du tibia seulement, par une large raie noire qui couvre les genous; elle vient aboutir au large bracelet blanc dont les sabots sont entourés. Les cornes s'étendent obliquement en arrière et en dehors; puis elles sont courbées en dedans et se recourbent en haut à la pointe; les anneaux sont obliques, larges sur le devant, où leurs interstices sont marqués de stries longitudinales; ces anneaux au nombre de 14 à 16, sont peu apparents sur les cotés; par derrière il n'en reste que des vestiges en rainures.

La femelle manque de cornes; son pelage ne diffère point de celui du mâle; elle a plus de blanc aux joues.

Longueur totale de l'anus au museau 3 pieds 8 pouces; distance du bord antérieur des yeux à la pointe du nez 8 pouces; longueur de la queue 8 pouces et du flocon terminal 2 pouces et demi; hauteur des cornes 11 pouces 6 lignes; oreilles 5 pouces 6 lignes; hauteur du train de devant 2 pieds 8 pouces; du train de derrière 2 pieds 6 pouces.

La petite vache brune du sénégal. Adans. Buff. *Hist. Nat.* Vol. 12. pl. 34. fig. 1. *le crâne.* — Antilope kob. Erxl. — Wagn. Schreb. *Säugeth.* Vol. 4. p. 435. — Desm. *Mamm.* Esp. 700. — Ogilby. *Proceed. Zool. Soc.* 1836. — Fraser, *Zool. typ.* pl. 20; *bonne figure du mâle à l'état parfait.* — Antilope adenota. H. Smith. *Anim. Kingd.* pl. — Adenota kob. Gray, *Glean. Knowsl.* pl. 14 et 15.

Patrie. Les bords de la Gambie et du Sénégal, à plus de cinquante lieues dans l'intérieur de l'Afrique tropicale.

CALOTRAGE ÉPINEUX. *CALOTRAGUS SPINIGER.*

L'on ne saurait admettre pour exacte et certaine, aucune des citations établies dans les systèmes comme

synonyme de la très-petite espèce d'antilopidée que Bosman, en 1705, indique dans son livre sur la Guiné et
qu'il désigne dans le texte sous le nom de *Très-petit cerf.*
»Ce sont'', dit-il, » des animaux très-jolis, portant de pe-
»tites cornes noires, dont les pieds passablement longs
»sont si extraordinairement minces, qu'ils ne dépassent
»pas en grosseur le tuyau d'une pipe; l'on en fait des
»*cures pipes,* et je vous en envoye un échantillon monté
»en or'' [1].

C'est là textuellement tout ce qui en a été dit à cette
époque; non obstant l'insignifiance du récit, les compilateurs s'en sont emparés pour inscrire une espèce de
plus, dans leurs tables méthodiques; les uns en la classant dans le genre *Moschus* ou *Tragulus,* les autres dans
le genre *Cervus.*

Seba, ce collecteur infatiguable de toutee sortes d'objets dans les trois règnes de la nature [2], aurait été á
même de fournir des renseignements plus certains sur cet
animal dont Bosman fait un cerf; il dit dans son *Thesau-
rus,* qu'il en possède trois individus, le plus grand, peut-
être un jeune *Moschus,* ou bien un foetus d'Antilope ou
de Cerf, se trouvait être de sexe féminin, et non muni

---

[1] Voyez Seba, Vol. 1. pl. 43. fig. *a et b.* et Buffon, *Syst.* Vol. 12.
pl. 45. fig. 5 *et* 6.

[2] Seba rassemblait sans choix ni ordre systématique, toutes sortes
d'objets curieux; parmi les mammifères, les monstres et les foetus
étaient les plus nombreux: toute sa collection, conservée à l'esprit de
vin dans des bocaux de verre, était, après sa mort, en grande partie
détériorée.

de cornes ; les deux autres étaient probablement de très-
jeunes individus de notre espèce [1]. Le manque de cornes dans le plus grand des individus figurés par Seba,
Vol. 1. pl. 45. fig. 1, le porta sans doute à en faire la
femelle d'un Cerf, qu'il nomme *Cerva parva.*

L'on voit par ces détails, le degré de confiance qu'on
doit accorder aux indications fournies par les auteurs anciens des premiers temps du 18ieme siècle, et à quel titre l'on peut les citer dans la synonymie des espèces
qu'on publie aujourd'hui.

Les recherches faites par le professeur Sundevall de
Stockholm, dans les collections de Suède, ont conduit
à des résultats semblables à ceux que j'ai pu faire dans
nos collections anciennes et dans les écrits hollandais.
Le *Cervus guinensis* du musée royal d'Adolphe Frédéric,
pag. 32, ainsi que *Capra perpusilla* du même ouvrage,
reposent sur des individus détériorés et décolorés, placés depuis un siècle dans la collection royale, où ils sont
conservés à l'esprit de vin dans des bocaux. M. Sundevall présume que ce sont des jeunes de *Moschus Javanicus.*

Il nous reste à faire mention de citations plus modernes, qu'on prétend classer dans la série des synonymes de notre petite antilopidée. D'abord les descriptions

---

[1] Il y a plusieurs années, (cinquante ans à peu-près), que je fis
l'acquisition de quelques bocaux, provenant des débris des collections
de Seba; dans ce nombre se trouvait un très-jeune individu de notre
Spiniger; il était totalement décoloré et à peine reconnaisable. Ce sujet
qu'on a monté, se trouve dans nos galeries. C'est *peut-être* l'individu
type du *Cervus perpusillus* ou bien de *Cervus pergracilis* de Seba.

des Chevrotains de Buffon, Vol. 12, pag. 315; elles sont prises de jeunes individus de deux ou trois espèces différentes de petites antilopes du Sénégal et du Cap, ainsi que d'un Moschus de l'Inde; toutes ces données reposent sur un amalgame des descriptions superficielles de Bosman, de Kolbe, de Demarchais, de Knox et de l'abbé Prevòt. Pour ce qui est de l'indication de son *Chevrotain de Guiné*, Buffon, Vol. 12. p. 341, cet article commence par la description d'un très-jeune individu de notre *Spiniger*, semblable à ceux que Seba a fait figurer, pl. 43. fig. 2 et 3; puis, Buffon décrit comme l'adulte de son *Chevrotain de Guiné*, ni plus ni moins que le *Moschus Javanicus*, dont il a fait figurer la tête pl. 45. fig. 1; tandis que cette même planche nous montre dans la figure 2, la corne d'un *Blaauwbokje* (Ant. pygmea) du Cap.

Pour en finir avec cette planche 45, nous y trouvons répresenté, très-exactement, sous les numeros 3 et 4, le pied de devant et de derrière de notre *Spiniger* adulte; n° 7 et 8 représentent ces mêmes parties dans le jeune de l'année, tandis que n° 5 et 6 font voir la manière usitée du temps de Bosman, de garnir en or la partie inférieure des pieds de ce petit animal, pour s'en servir en guise de *bourre et de cure-pipe;* des ustensiles semblables sont figurés par Seba, pl. 43, *a* et *b*. Le texte, dans Buffon ne fait point mention de ces débris de dépouilles ni de ces ustensiles.

Vient en dernière analyse, l'indication superficielle de Pennant, de son Royal antilope, Penn. *Quad.* Vol. 1.

pag. 82, que le stérile compilateur Erxleben a intro-
duit dans le système sous le nom *Antilope regia*, p. 278.
Ce sont quelques lignes compilées sur le texte insignifiant de Bosman, combinées avec des données incorrectes
sur le *Guevi*, ou *Antilope Maxwelli*. Toutefois, le naturaliste un peu au courant de son étude, ne peut pas
s'y méprendre; car l'indication des cornes, donnée par
Pennant, suffit pour éloigner le doute; *Antilope Maxwelli* a
en effet des cornes noires, longues de deux pouces environ, et telles que Pennant les décrit; tandis que les
mâles de mon *Antilope spiniger*, même ceux de taille
très-forte, ont des cornes fluettes, brunes, ne dépassant
point le maximum de treize lignes; leur longueur ordinaire ne dépasse guère neuf lignes. Le reste est un
amalgame insignifiant des deux espèces citées. Toutefois M. Gray, dans sa revue des Antilopidées, *Glean.
Knows. hall.*, pag. 12, paraît se contenter de ce récit
incorrecte et superficiel de son compatriote, car il lui
attribue la priorité de nom, sous la rubrique de son *Nanotragus regius*.

Desmarest, dans sa *Mammalogie*, pag. 428, fait mention de ce petit ruminant, auquel il donne le nom de
Moschus pygmaeus; en disant que toutes ses formes sont
celles du cerf, il va même jusqu'à mettre en doute son
origine africaine, car dit-il, Buffon nous apprend très-
positivement, que l'espèce qu'il décrit vient de l'Inde.

Nous venons de parcourir analytiquement et en remon-
tant à leur origine, toutes les indications que les auteurs
de systèmes et les compilateurs continuent d'inscrire comme synonymes de notre espèce; tâche difficile et ingra-

te, qu'il serait nonobstant fort utile d'entrependre sur toutes les espèces inscrites d'ancienne date, dans nos catalogues méthodiques. Par ce moyen l'on parviendrait à écarter une foule de citations incorrectes d'espèces imaginaires, surtout de noms d'auteurs obscurs, n'ayant d'autre mérite que d'avoir compilé leurs devanciers, et qui, sans avoir jamais rien vu ni observé par eux mêmes, n'ont de titre scientifique à faire valoir que par l'épithète latine, mise en tête des descriptions d'hommes éminents dans les sciences naturelles et d'observateurs consciencieux de la nature, qui ont pu négliger de publier leurs travaux, sous le patronnage d'une dénomination de racine grecque ou latine. Le temps voué à des recherches de cette nature serait dans doute employé plus utilement pour la science, que celui qu'on prodigue aujourd'hui à la recherche stérile du nom le plus ancien, sous lequel telle ou telle espèce se trouve notée dans des catalogues de nomenclature, relégués depuis longtemps dans l'oubli.

Il y a plus, en adoptant sans examen préalable le nom le plus ancien, l'on court la chance de perpétuer l'erreur, autant que l'on peut risquer de prêter matière au ridicule. La preuve de ce que nous avançons ici, n'est pas fort éloignée de l'objet qui nous occupe; car, en admettant les épithètes de *Pygmea* et de *Rex*, les erreurs de Buffon, de Brisson et de Pennant se trouvent sanctionnées et perpétuées. Dans les noms de *Pusilla* ou de *Perpusilla*, l'on aboutit au risible, en trouvant une espèce établic sur la partie inférieure de la jambe de devant, d'un très-jeune animal; parcelle de pied que

Bosman fit garnir en or, et qu'il envoya, dans cet état, en cadeau à un membre de la Compagnie des Indes hollandaises : définitivement . . . . *sur un cure-pipe.*

Pour en revenir à l'espèce dont nous nous occupons, il est bon de constater, qu'en 1824, notre musée obtint de la factorerie néerlandaise à la côte de Guiné, les premiers individus parfaits du *Spiniger ;* l'espèce était représentée par deux mâles à l'état adulte et par le squelette de la femelle. Dès-lors je fis part[1], qu'une très-petite espèce d'Antilope avait été indiquée par Linné sous le nom de *Moschus pygmaeus*, et que cette citation devait être rayée comme espèce du genre *Moschus.* Depuis ce temps M. Sundevall trouva dans les collections de Stockholm un très-jeune male, conservé dans la liqueur, portant des cornes très-courtes, cachées par les poils du crâne. Il se peut, il est même probable que ce même individu a servi à Linné, pour décrire son *Moschus pygmaeus ;* l'existence des cornes n'aura point été observée par lui, vu qu'elles se trouvent cachées dans le sujet susmentionné. Plus tard, lorsque notre voyageur M. Pel est parti pour la côte de Guiné, je lui recommandai spécialement de faire des recherches pour arriver à la connaissance plus exacte de cette espèce ; c'est après un séjour de dix ans à la côte, que M. Pel parvint à s'en procurer successivement trois individus, un vieux mâle, une femelle et un jeune, trouvés par lui vers les confins du pays des Aschantes. Sur ces maté-

---

[1] *Monographies de Mammalogie ,* Vol. 1. pag. xxx *du tableau méthodique.* Je négligeai alors de donner une diagnose de mon *Spinigera.*

riaux reposent les descriptions que nous donnons maintenant.

Pelage assez long, bien fourni, serré, lisse et lustré; de deux couleurs, blanc à la base et d'un roux foncé légèrement annelé de brun à la pointe. Toutes les parties supérieures du corps, le haut des cuisses et les flancs d'un roux annelé de brun; partie inférieure des cuisses et partie moyenne des flancs, d'un roux clair nuancé de blanchàtre; cette teinte est produite par le blanc pur de la base des poils, dont la pointe seulement est rousse; les pieds, la croupe, la poitrine, le devant du cou et les joues sont d'un roux pur; le menton, toute la gorge, le devant de la poitrine, le ventre et l'abdomen d'un blanc pur. L'on voit du blanc pur sur le devant des cuisses et à la partie intérieure des jambes de devant, comme aussi vers la région des sabots. Tout le sommet de la tête, la nuque ainsi que les oreilles ont une teinte noirâtre; ces dernières portent une petite tache blanche à leur base extérieure; en dedans elles sont nues et bordées par un liséré blanc. La queue est courte, terminée en pinceau, rousse en dessus et blanche en dessous. Les cornes naissent derrière l'orbite; elles fuient en arrière, sont minces, droites, lisses, brunes, à pointes acérées, et noires: ces cornes ressemblent exactement aux épines d'accacia. *Le mâle très-vieux.*

La femelle ne porte point de cornes; son pelage est d'une teinte moins foncée, généralement plus roussâtre que dans le mâle.

Les jeunes de l'année sont à peu-près partout d'un

nuance rousse uniforme ; ils manquent les teintes intermédiaires des adultes. A cet âge leur longueur totale
est de 7 à 8 pouces.

Les dimensions de l'adulte sont : longueur totale de
16 pouces ou 6 lignes de plus ; distance du bord antérieur de l'orbite des yeux à la pointe du museau 2 pouces 6 lignes ; hauteur au train de devant 9 pouces 6
lignes ; celui de derrière 10 pouces 6 lignes. Oreilles 1
pouce 5 lignes. Cornes 1 pouce 1 ligne, souvent 9 lignes
seulement.

Antilope spinigera. Wagn. Schreb., *Säugeth.* Vol. 4.
pag. 457. — Schinz., *Syn. Mamm.* Vol. 2. pag. 421. —
Neotragus pygmea. Smith. Griff., *Animal. Kingd.* Vol. 4.
pag. 270, *en partie seulement.* — Nanotragus spiniger.
Sundev., *Pecora, Acad. Handl.* 1845. p. 308. — Nanotragus regius. Gray, *Glean. Knows. hall.* p. 12.

Patrie. Les forêts de la côte de Guiné ; ils abandonnent rarement les fourrés les plus épais, vivent par
paire ou bien isolément. Leur agilité est remarquable ,
ils partent de leur retraite au moindre bruit, et ils
s'élancent au loin par des bonds et des sauts, à des dis-
tances comme à des hauteurs considérables.

CALOTRAGE MUSQUÉ. *CALOTRAGUS MOSCHATUS.*

Cette autre espèce d'antilopidée, découverte depuis peu
de temps par le voyageur prussien von Duben , nous offre

des formes et des caractères exactement semblables à ceux du petit ruminant qui fait le sujet de l'article précédent; toutefois sous des dimensions totales d'un cinquième plus fortes.

Par l'exiguité de ses formes, ainsi que par les caractères les mieux apparents de son organisation elle paraît tenir, parmi les antilopidées de la côte orientale de l'Afrique, le même rang que notre *Spiniger* occupe le long de la côte occidentale; tandis que l'*Antilope pygmaea* ou le *Blaauw-bokje* du Cap Sud [1], offre le modelle de ces nains des ruminants dans les contrées méridionales, et que l'*Antilope Saltiana* ou *Hemprichi* [2] les représente dans les parties septentrionales de ce vaste continent.

Nous avons de prime abord à constater, que M. von Duben a donné à sa découverte récente pour nom générique, l'épithète de *Nesotragus*, litéralement traduit *île-bouc*, ou un animal essentiellement insulaire; apparemment vu que l'ayant découvert dans une île dépendante du littoral de Zanzibar, il présumait son habitat très-limité; mais depuis que M. Peters, voyageur prussien, a retrouvé fort récemment, cette même espèce sur le continent africain, à Mossambique et dans l'intérieur

---

[1] Cette espèce est la plus grande, pour la taille, parmi les quatre mentionnés. On la trouve rangée par Sundevall avec les *Sylvicapra*. Gray la distingue sous le nom de *Cephalophus monticola ;* nom emprunté à Thunberg, dans un article où il confond le *Guevi* de la côte de Guiné avec le *Blaauw-bokje* du Cap ; mieux vaudrait le nom de *Coerulea* de Smith ; mais pourquoi ne pas lui laisser celui de *Pygmaea ?* nom sous lequel l'espèce est connue partout.

[2] H. Smith, Sundevall et Gray en font le seul représentant du genre *Neotragus*.

jusqu'à Tete, ce nom de *Nesotragus* devient un contre-sens. Toutefois M. Sundevall a adopté ce nom de genre dans la revue qu'il donne des ruminants [1], et M. Gray le reproduit aussi dans l'énumération systématique des espèces d'antilopidées qui accompagne les figures publiées dans les *Gleanings from Knowsly hall*.

Quoique respectant la manière de voir de mes devanciers et de mes collègues, ils me permettront de n'être pas complétement de leur avis sur ce point, et de ne voir dans l'animal découvert récemment par M. Duben, qu'une espèce modelée exactement sur l'organisation extérieure de notre espéce décrite ci-dessus; je conviens, qu'il y a une différence, fort légère, dans la forme et dans l'étendue des fosses lacrymales des crânes de ces deux espèces; mais cette différence est du domaine de l'anatomie comparée; en zoologie, on ne peut point l'admettre comme caractère générique essentiel; or une forme qui ne se trouve pas indiquée dans l'organisation des partics extérieures des animaux, ne saurait être prise en considération dans la diagnose générique: en l'introduisant en zoologie, du moins comme caractère essentiel, cette science devra s'interdire désormais toute classification, qui n'aura point l'anatomie pour base; elle ne pourra plus dévancer dans sa marche, essentiellement ralentie, les investigations moins fréquentes réservées aux anatomistes, auxquels la zoologie a servi, jusqu'ici,

---

[1] *Methodick översigt af idislade djuren, Linnés pecora, in Kon. Vet. Akad. handl.* 1845. p. 265.

de guide et de flambeau dans leurs recherches.

Après avoir réuni en un même genre ces deux espéces voisines, munies de caractères d'une identité parfaite, et en les classant dans un même groupe avec les autres *Calotrages*, tels que nous venons de les indiquer dans le tableau des antilopidées, passons maintenant à la description de la petite espèce qui fait le sujet de cet article. Elle est représentée dans nos galeries du musée par une femelle parfaitement adulte, obtenue des collections, fruits du voyage de M. Peters à Mossambique et à Madagascar : une paire se trouve dans le musée de Berlin et une autre dans celui de Stokholm.

Nature du pelage absolument la même que dans l'espèce précedente ; il est bicolore, mais cendré à la base et roux-clair à la pointe. Couleurs du dos, des cuisses, de la partie supérieure des flancs, de la nuque et du sommet de la tête, d'un roux-bai vif, faiblement nuancé de brun à la fine pointe des poils ; partie inférieure des flancs, joues, côtés du cou et les pieds d'un isabelle clair ; gorge, poitrine, ligne médiane du ventre et partie inférieure du haut des quatre membres, d'un blanc pur. La queue, de longueur médiocre, est couverte de poils longs, puis terminée par une large touffe de ces mêmes poils : elle est brune-noirâtre en dessus et blanche en dessous. Sur le chanfrein existe une bande noirâtre qui ne dépasse point le bord antérieur des yeux. Les oreilles sont grandes, rondes, mais de forme ovoïde vers le bout ; elles sont couvertes extérieurement de poils ras, d'un brun-noirâtre, et leur base interne est bordée de blanc. Les cornes, dont je ne saurais préciser la forme, n'ayant qu'une femelle sous les yeux, sont, suivant M. Sundevall, couchées en arrière, d'une venue avec le chanfrein, prenant leur origine du bord postérieur de l'orbite, annelées, à pointe longue et lisse.

Dimensions de notre femelle adulte. Longueur du bout du museau à l'anus 19 pouces; queue à peu-près 5 pouces, et les poils du flocon terminal 1 pouce 5 lignes; hauteur du train de devant 11 pouces 8 lignes; de celui de derrière 12 pouces 7 lignes.

Nesotragus moschatus. von Du ben, *Vetensc. Akadem. ofvers.* 1846. pag. 221. — Sundevall, *Kon. Vet. Akad. Hand.* 1843. pag. 522. — Gray, *Glean. Knows. hall*, pag. 8.

Patrie. Les côtes orientales de l'Afrique, Zanzibar et Mossambique. L'espèce a été admise dans cet écrit, en raison de son affinité spécifique avec le *Spiniger* de la côte de Guiné.

Les *Cephalophus* ont été distraits récemment, et dans un but scientifique parfaitement bien vu, du grand genre Antilope. Hamilton Smith et Gray les ont réunis sous le nom indiqué; Ogilby et Sundevall les classent dans le genre *Sylvicapra.*

Les espèces que nous comprenons dans le sous-genre *Céphalophe*, ont les forêts et les buissons pour demeure habituelle; ils ne vivent point en grandes troupes, mais par paire ou isolément, sous l'ombrage des forêts qu'ils abandonnent rarement. On les distingue des espèces des autres groupes, en ce que les cornes prennent naissance à l'occiput; elles sont arrondies, à peu-près droites, pointues et d'une venue avec le chanfrein; ces cornes sont très-courtes, obtuses, ou remplacées par des touffes de poils chez les femelles; elles sortent de l'enveloppe cutanée au centre d'une ample touffe de poils longs et rudes, et dont la place est indiquée, dès le jeune-âge, par une agglomération de poils. Au dessous de l'orbite des yeux se trouve une ligne oblique ou bande glandulaire, qui recouvre les larmiers, dont les fosses sont profondes. Ils ont un muffle rugueux, des oreilles médiocre et arrondies, et leurs pieds ne sont point munis de brosses.

CÉPHALOPHE PLUTON. *CEPHALOPHUS PLUTO.*

Cette espèce n'était pas connue à l'époque, fort récente, où nous parvinrent les premiers individus expédiés par M. Pel au musée des Pays-Bas. Je m'empressai d'en faire parvenir un individu à M. Gray à Londres et un autre au professeur Sundevall à Stokholm; ils leur furent envoyés sous le nom provisoire d'*Antilope nigra :* rubrique employée par M. Gray dans ses *Gleanings de Knowsley hall.* Cependant, réflexion faite, ce nom me parut trop vague, et comme on l'avait déjà appliqué à deux autres espèces de la famille des Antilopidées, il me semble plus convenable de donner à ce ruminant nouveau, une dénomination plus caractéristique, moins sujette à produire quelque méprise. Ce qui me fait solliciter de remplacer cette épithète par celle mise en tête de notre article.

Une partie de la robe de notre *pluton* est couverte d'un pelage long, unicolore, peu fourni, même rare; l'autre partie est très-rase et à claire-voie. Les touffes des poils raides de l'occiput sont à peu-près de la longueur des cornes; celles-ci se trouvent cachées dans les touffes, chez les femelles.

Depuis les omoplates à l'anus ainsi que sur les cuisses, le pelage est long, peu abondant, d'un noir parfait et lustré; sur les flancs, au ventre et à la poitrine, il est moins long et d'un noir-cendré; la partie abdominale et celle intérieure des cuisses sont nues; les pieds sont noirs ou noirâtres, sans autre dessin; les hanches, le cou, la nuque et les joues sont couverts de poils courts, très-rares, d'un gris-noirâtre; les poils raides du chanfrein sont noirs; ils déviennent plus longs sur la tête et très-longs à l'origine des cornes, surtout vers l'occiput; leur couleur est d'un roux-ardent. Les oreilles de forme arrondie par le bout, sont à peu-près nues; les poils qui les recouvrent à leur partie extérieure sont noirs et roux; ceux de leur partie intérieure sont blancs et clair-semés. La queue, de longueur moyenne, est noire en dessus, blanche à la pointe et en dessous. Les cornes droites sont rugueuses à leur base, pointues et lisses. *Le mâle vieux.*

La femelle porte des cornes courtes, obtuses, cachées

dans la grande touffe de poils de l'occiput. Son pelage est à peu-près coloré comme celui du mâle; toutefois le noir est moins parfait, et toutes les teintes sont lavées de cendré-noirâtre.

Les jeunes ont des teintes plus ternes que celles de la femelle; la grande touffe du milieu de laquelle les cornes doivent s'élever, est composée en partie de poils contournés, d'un roussâtre terne, et de poils noirs raides.

Longueur des individus de forte taille, de l'anus à la pointe du nez, 2 pieds 8 à 9 pouces; de la queue 6 pouces 6 lignes, et de son ample flocon terminal 1 pouce 7 lignes; distance du bord antérieur des yeux à la pointe du nez 4 pouces 4 lignes. Hauteur au train de devant 18 pouces 6 à 7 lignes; à celui de derrière 19 pouces 8 lignes; longueur des cornes 3 pouces 6 à 7 lignes. Nous avons des mâles à l'état adulte de 29 pouces et de 27 pouces, dont les cornes ont 3 pouces. Les cornes des femelles n'ont guère plus d'un pouce.

CEPHALOPHUS NIGER. GRAY, *Glean. Knows. hall*, *p.* 50, *pl.* 8.

Patrie. Habite une grande étendue de la côte de Guiné; très-commun dans les forêts voisines des facto-reries néerlandaises, surtout vers les confins du pays des Aschantes, près Chama et Dabocrom.

CÉPHALOPHE OGILBY. *CEPHALOPHUS OGILBYI.*

Les trois espèces de ces ruminants, dont nous tâcherons de faire apprécier les caractères au moyen desquels l'on pourra les distinguer, offrent entre-elles plusieurs traits de ressemblance, tant par la couleur de leur robe que par la distribution de ces couleurs; toutefois, on les reconnaît les unes des autres à la bande dorsale noire, plus ou moins étendue sur les parties du corps, ou bien d'un noir plus ou moins profond; à la largeur de cette bande; aux teintes d'un roux plus ou moins vif, ainsi qu'à quelques autres marques distinctives.

La nature et la longueur du pelage sur les différentes parties du corps, sont absolument les mêmes dans *l'Ogilby* que chez *le Pluton;* il est long aux parties postérieures; très-ras et à claire-voie sur les antérieures. Les flancs sont d'un roux pâle et grisâtre, vu que l'origine des poils porte cette dernière teinte; croupe, partie postérieure des cuisses, et base de la queue d'un roux plus vif; une large bande, d'un noir parfait et lustré, couvre l'épine dorsale et s'étend depuis les bords postérieurs des omoplates jusque vers la croupe, où elle aboutit en formant pointe; ventre, devant des cuisses et face intérieure des pieds de devant blancs; les sabots des quatre membres entourés d'une large bande blanche ou blanchâtre, ceux de devant marqués jusqu'au dessus du genou par une raie brune, et ceux de derrière jusqu'à mi-jambe seulement. Le cou, le menton et les joues garnis de poils ras, clair-semés et d'un roussâtre terne; le chanfrein et le front couverts de poils longs, noirs et roux; les touffes de l'occiput longues et d'un roux vif. Cornes noires, massives, courtes et rugueuses à leur base. *Le vieux mâle.*

La femelle a des cornes moins longues et obtuses, toutefois dépassant les touffes. Elle a des teintes plus pâles que le mâle, mais la bande dorsale est comme chez celui-ci, d'un noir parfait et lustré.

Le jeune-âge ne m'est point connu.

Longueur des vieux: de l'anus à la pointe du nez 2 pieds 7 pouces; queue 4 pouces 7 lignes, et du petit pinceau terminal 1 pouce 2 lignes; distance du bord antérieur des yeux à la pointes du nez 4 pouce 6 lignes; hauteur du train de devant 17 pouces 2 lignes, du train de derrière 18 pouces.

Cephalophus Ogilbyi. G r a y, *Ann. and mag. nat. hist.* 1842. — F r a s e r, *Zool. typ. mauvaise figure, mal coloriée.* — G r a y, *Glean. Knows. hall.* p. 10. — Antilope Ogilbyi, W a t e r h. *Proc. Zool. Soc.* v. 6. p. 60. — W a g n. Schreb. *Säug. Suppl.* v. 4 pag. 446.

P a t r i e. On la dit très-commune dans l'île de Fernando-po. Elle est bien plus rare sur le continent; on la trouve isolément dans les forêts voisines du pays des Aschantes.

CÉPHALOPHE DORSAL. *CEPHALOPHUS DORSALIS.*

Plus basse sur jambes et moins grande que les deux

précédentes ; pelage de la même longueur sur toutes les parties du corps. Cornes pointues dans les deux sexes, fluettes et lisses ; faiblement rugueuses à la base. La bande médiane du dos étendue, sans interruption, du chanfrein à la pointe de la queue.

Pelage de toutes les parties du corps long, rude et peu abondant. Les touffes au milieu desquelles naissent les cornes, petites, courtes et droites. Une bande noire, d'un noir parfait et lustré, prend origine au chanfrein, s'étend sur le front entre les cornes, se dirige le long de la nuque sur les épaules, où elle augmente en largeur, parcourt ainsi toute l'épine dorsale, devient même un peu plus large sur la croupe et est prolongée en bande étroite jusqu'au bout de la queue. Tout le reste du pelage du corps, de la partie supérieure des cuisses, des jambes de devant, de la poitrine et des côtés du cou sont d'un beau roux, très-ardent et lustré. De larges bandes surcillaires rousses, occupent les côtés du chanfrein ; elles sont prolongées jusqu'aux touffes, dont les poils raides sont roux et noirs. Les lèvres, une partie de la conque interne des oreilles, la gorge, la face intérieure du haut des quatre membres et l'abdomen ont des poils blancs, clair-semés. La partie médiane du ventre est brune. Les pieds sont d'un brun-pourpré, sans aucune marque ni autre dessin. La queue grêle est terminée en un pinceau effilé et pointu ; elle est noire en dessus, blanche à la pointe et en dessous. Les cornes sont droites, noires, lisses, légèrement rugueuses à la base et sortant de petites touffes de poils raides. *Le vieux mâle.*

La vieille femelle ne diffère presque point du mâle par les couleurs du pelage; ses cornes quoique assez longues, sont grêles et pointues.

La livrée du jeune-âge de cette belle espèce ne m'est pas encore connue. Il paraît que l'individu décrit par M. Gray est un jeune mâle; s'il en est ainsi, les jeunes diffèrent pour-lors bien peu de l'adulte.

Longueur: de l'anus à la pointe du museau 2 pieds 1 à 5 pouces; queue 5 pouces et du pinceau terminal 1 pouce 6 lignes; distance du bord antérieur des yeux à la pointe du museau 5 pouces 4 lignes; hauteur au train de devant 15 pouces 6 lignes; à celui de derrière 16 pouces 5 lignes; hauteur des cornes du mâle 5 pouces 2 lignes; de la femelle à peu-près 2 pouces.

Le crâne dans cette espèce est proportionnellement plus large que chez les autres *Céphalophes;* il est aussi moins long et le chanfrein est plus arrondi.

Cephalophus dorsalis. Gray, *Ann. and Mag. Nat. Hist.* 1846. — Id. *Glean. Knows. hall.* p. 10. pl. 7. fig. 2. bonne figure d'un jeune mâle.

Patrie. Les forêts de l'Aschantie et de Sierra-Leona; l'espèce est fort rare dans les forêts du littoral, où elle ne se montre guère que de nuit.

CÉPHALOPHE ROUSSARD. *CEPHALOPHUS RUFILATUS.*

Constamment plus petite et plus grêle de formes, cette autre espèce ressemble beaucoup à la précédente par les couleurs de la robe et par la distribution de celles-ci ; ils est néanmoins facile de la distinguer dans les états différents du sexe et de l'âge ; d'abord, à la couleur de la bande dorsale, puis à la forme du flocon terminal de la queue. La bande dorsale, dans les deux espèces précédentes, est d'un noir de jais ; chez celle-ci cette bande est d'un brun-grisâtre légèrement pourpré. Les deux premières ont la queue terminée en pinceau ; le *Roussard* a la bout de la queue en houppe ou en touffe.

Pelage abondant, serré et raide sur toutes les parties du corps. La bande dorsale prend naissance à la nuque, puis passe sur les épaules ; vers l'épine du dos elle devient plus large et couvre toute la croupe, ainsi que la base de la queue ; cette bande est d'un gris-noirâtre ayant une légère teinte pourprée. Les flancs, les cuisses et le haut des jambes sont d'un roux nuancé de brun ; le cou, les joues ainsi que les larges sourcils sont roux ; le chanfrein, le front, l'occiput et sa longue touffe de poils raides, sont noirs ; les quatre membres, à partir de leur insertion au corps jusqu'aux sabots, sont d'un gris-pourpré foncé et sans aucun dessin ; le bord des lè-vres, la gorge et la partie interne des membres sont couverts de poils rares et blancs; cette dernière teinte couvre la conque intérieure des oreilles; elles sont noires extérieurement. La queue est noirâtre en dessus; le large flocon dont elle est terminée est aussi de cette teinte; sa base en dessous est rousse. Les cornes sont en cône long, faiblement annelées à leur base, un peu recourbées en avant à la pointe. *Le mâle adulte.*

La femelle a les couleurs de la robe d'une teinte plus pâle, mais leur distribution est la même que chez le mâle; les cornes sont obtuses et cachées par la grande touffe de poils noirs, de laquelle elles naissent.

Les jeunes de l'année, ou ceux un peu plus âgés, ont les couleurs du pelage distribuées de la même manière que chez les sujets à l'état adulte, mais elles ont des teintes plus claires. La bande dorsale a le même parcours, mais les poils sont d'un gris-pourpre clair; cette nuance domine aussi sur toute l'étendue des quatre membres. Le flocon de la queue est coloré de même, et le bout des poils est blanc; le chanfrein et la touffe de poils de l'occiput sont plus foncés; les teintes rousses de toutes les autres parties du corps sont beaucoup plus claires, d'un roux jaunâtre [1].

______

[1]) Attendu que cet individu nous vient de Sénégal, et que *Rufilatus* adulte est de Guiné, il se pourrait que ce jeune forme une espèce distincte. F. Cuvier en donne une figure d'une ressemblance parfaite avec notre individu, mais sous le nom vicieux de *Grimme*, F. Cuvier, Vol. 2 pl. Car la *Grimmia* de Pallas diffère essentiellement de la *Grimme* de Buffon et de F. Cuvier. Si l'on parvient à constater la différence entre ces jeunes sujets à teintes pâles et le *Rufilatus* que nous venons de décrire, l'on pourrait donner à l'espèce notée ici, le nom de *Cephalophus pallidus*.

Longueur de l'adulte, de l'anus au museau 22 ou 23 pouces ; de la queue 5 pouces et de son flocon terminal 1 pouce 6 lignes ; distance du bord antérieur des yeux à la pointe du nez 2 pouces 10 lignes ; hauteur au train de devant 12 pouces 6 lignes ; à celui de derrière, à peu-près 14 pouces ; hauteur des cornes chez le mâle 2 pouces ; de la femelle 6 à 7 lignes.

CEPHALOPHUS RUFILATUS. Gray, *Ann. and Mag. Nat. Hist.* 1846. — Id. *Glean. Knows. hall.* p. 10, pl. 2. *jeune mâle, bonnes figures.* — ANTILOPE GRIMMIA, H. Smith, Griff. *Anim. King.* v. 5. Vol. 266. — La GRIMME dont Buffon a fait figurer le crâne et une partie de la tête avec les cornes, ne doit point trouver place parmi les synonymes de *Rufilatus* ; l'on doit les citer comme jeune-âge du *Guevi* du Sénégal et de la Guiné.

Patrie. Très-rare le long de la côte de Guiné ; plus commun dans les forêts de Sierra-Leona. L'un de nos sujets est de Dabocrom, Aschantie.

CÉPHALOPHE GUEVI. *CEPHALOPHUS MAXWELLI.*

Les noms de *Guevi* et de *Grimme* sont des épithètes dont les naturalistes ont été prodigues depuis nombre d'années, et qu'ils ont donné à plusieurs espèces de pe-tites antilopidées qui leur sont tombés sous la main, surtout, lorsque celles-ci etaient nouvelles pour eux.

De la confusion des noms l'on en est venu à la confusion
des espèces, de manière que les naturalistes ne savent
plus, à laquelle ces noms reviennent de droit, et sous
lesquels il sera convenable de les porter dans un catalogue
méthodique, sérieux; mieux vaudrait sans doute, les
vouer à l'oubli, en ne les citant plus, surtout pour ce
qui concerne le second de ces noms, étant né de la
confusion d'espèces distinctes, classées sous l'indication
d'une patrie supposée, mais inexacte. Pour que l'on
puisse s'en former une idée, il sera nécessaire de re-
monter à la source de ces erreurs; ce que nous ferons
le plus succinctement possible dans la notice qui suit.

Le docteur Grimm, d'origine allemande, médecin au
service de la Compagnie des Indes hollandaises, à son
retour du Cap de Bonne Espérance, où il avait exercé
son art, rapporta de cette contrée la description d'une
Antilope femelle, sans cornes [1], qu'il publia d'une manière tres-superficielle, en l'accompagnant d'une figure
pas trop mauvaise pour le temps où elle parut dans les

---

[1] Si, comme l'indique la figure publiée par Grimm, cette femelle
manque de cornes, remplacées par un long toupet de poils, elle pourrait
appartenir à une espèce encore inconnue de nos jours aux naturalistes,
ou bien méconnue par eux, que les colons et les chasseurs africains
nomment *Kuif-duiker*; celle-ci habite vers la limite nord de la colonie :
son toupet de poils longs et raides couvre l'occiput, et la femelle ne
porterait aucun indice de cornes; tandis que la femelle du *Duiker-bok*,
connue des *boers* des environs du Cap, porte de très-petites cornes,
courtes et obtuses, cachées dans une petite touffe de poils. Ce *Duiker-bok* est *Antilope mergens* de nos catalogues méthodiques. Hors donc,
à laquelle de ces deux espèces doit-on rapporter la femelle dont parle
le docteur Grimm? Si en effet c'est un *Kuif-duiker*, tous les nomen-
clateurs modernes sont en défaut, car leur *Grimmia* repose sur un
Duiker-bok des environs du Cap.

premières années du 18me siècle; voir *Ephémérides des curieux de la nature, année* 4, p. 134, fig. 13. Les naturalistes de la fin du siècle dernier s'empressèrent d'inscrire cet animal sous le nom de *Capra sylvestris africana*, épithète déjà bien longue, mais à laquelle RAYE, *Syn. Avim.* p. 80 ajoute encore le nom de *Grimmii;* BRISSON en fait son Chevrotain d'Afrique (*Tragulus africanus*), tout en le confondant avec une espèce du Sénégal. BUFFON en décrivant la *grimme* femelle, lui associe comme mâle une espèce, qu'il tenait d'ADANSON, qui est le Guevi, *Antilope Maxwelli* du Sénégal. — Notre animal toujours inconnu aux naturalistes, prit rang comme espèce et parut dans la 10me édition de LINNÉ, sous le nom de *Capra Grimmia.* Jusqu'à cette époque l'on n'avait aucune diagnose spécifique, qui put servir à reconnaître cette *Grimmia* des autres antilopes; les seuls caractères empruntés au toupet du crâne, ainsi que ceux pris des larmiers, décrits très-longuement par GRIMM, servirent d'indice spécifique dans cette édition de LINNÉ [1]. Pallas aussi prit part à cette confusion; il l'augmenta même par un incident nouveau. Le séjour qu'il fit en Hollande, lui fournit l'occasion de voir dans la ménagerie du prince d'Orange, l'antilope que VOSMAER, directeur du cabinet d'histoire naturelle du Stadhouder, présumait lui être parvenu de la côte de Guiné, et qu'il se proposait de publier sous le nom de *Petit bouc damoiseau* [2]. PALLAS, pré-

---

[1] Il y est dit: Grimmia *Capra fascicula tophoso, cavitate infra oculos;* phrase qui convient à toutes les espèces connues dans le groupe des *Cephalophus*, tel qu'il est composé aujourd'hui.

[2] Voyez VOSMAER, *Descript. du cab. du Prince d'Orange*, p. 3. pl. enl. figure parfaite, très-bien coloriée.

sumant que ce pouvait être un individu de la même espèce que celle vue par Grimm, au Cap de B. Esp., crût bien faire en donnant le nom de *Grimmia* à cette antilope de Vosmaer [1]. Dès-lors, l'on se mit en devoir de retrouver la *Grimm*, non pas au Cap, mais dans les parages de l'Afrique occidentale, ce qui fut la cause des erreurs commises depuis ce temps par les naturalistes modernes, auxquels l'on vit donner le nom de *Grimmia* à des espèces, n'ayant aucune ressemblance, ni avec l'animal indiqué par le Dr. Grimm, ni avec celui décrit par Vosmaer. C'est qu'alors l'on ignorait encore, que les différentes et nombreuses espèces d'Antilopes d'Afrique, ont leur *habitat* borné en des limites géographiques fort circonscrites, qu'elles ne dépassent point ou bien très-rarement, soit vers le Nord, soit vers le Sud.

Il est de fait que l'erreur commise par Pallas, avait eu lieu sur l'indication fautive de Vosmaer, qui *présumait*, que son Antilope lui avait été envoyée directement de la côte de Guiné, tandis qu'effectivement elle venait du Cap Sud [2]. C'était tout simplement un *Duiker-bok* du Cap, mais non pas un vrai *Mergens*, tel qu'on le trouve décrit par les naturalistes modernes: c'était une de ces variétés du *Mergens*, à pelage pâle ou cendré-jaunâtre, à laquelle quelques naturalistes donnent le nom d'*Antilope*

---

[1] *Miscell. Zool. anim.* pag. 12. pl. 1.

[2] Les vaisseaux de la Compagnie des Indes, à leur retour du Sud de l'Afrique, abordaient ordinairement la rade foraine de St. George de la Mina, factorerie principale de cette Compagnie à la côte de Guiné. Au reste, du temps de Vosmaer, l'on se souciait bien peu dobtenir des renseignements exacts sur l'origine et la patrie certaine des animaux.

Burchelli, qu'on trouve au Cap et dans le pays de Natal, d'où nous avons reçu au musée des individus parfaitement identiques avec le *Bouc damoiseau*, décrit par
Vosmaer.

On le voit, par cette course au clocher à la pour-
chasse du nom le plus ancien, donné à une espèce,
l'étude de la nature pas plus que la classification systématique ne saurait en tirer quelque profit ; leurs progrès en sont même retardés et ralentis. Il arrive le plus
souvent que ces épithètes, auxquelles l'on prétend accorder la priorité, n'ont de titre réel et scientifique à faire
valoir, que la date sous laquelle le nom grec ou latin
(*toute autre langue étant proscrite*) se trouve publié dans
un catalogue où l'on cherche le plus souvent en vain,
une diagnose tant soit peu caractéristique, qui puisse
servir à la connaissance seulement superficielle de l'espèce que le nom indique. Nous trouvons, toutefois, plusieurs naturalistes prévenus en faveur de cette recherche stérile à tant d'égards, et qui préfèrent ces noms
anciens par leur date, recouvrant de leur autorité et
sous le drapeau d'une épithète grecque ou latine, des indications incomplètes, stériles, quelquefois mensongères,
souvent donnant prise à l'erreur, à ceux plus récents,
il est vrai, mais qui peuvent faire valoir en leur faveur
l'étude sérieuse, jointe aux détails nécessaires, et qui souvent, au défaut de renseignements plus complets dans
le texte descriptif, y ont suppléé, en illustrant leurs
publications par les figures des animaux, dont ils établis-
sent ainsi la connaissance parfaite et l'image fidelle. Ce

que nous redoutons dans cette course inconsidérée, poussée à l'extrème par quelques naturalistes, c'est qu'elle n'aboutisse à sanctionner et à perpétuer les erreurs commises sous ces noms, et qu'elle ne tende à susciter des embarras nouveaux dans l'étude de la nature. Elle augmentera indubitablement les travaux accessoires de cette étude, et la rendra difficile, si non impossible pour le naturaliste, privé des moyens de consulter les grandes bibliothèques.

Je pourrais citer à l'appui de cette opinion, indépendamment des exemples que les antilopidées, ici décrites, viennent de nous fournir, plusieurs autres exemples empruntés à toutes les classes du Règne animal; nous en donnons un seul comme type dans la classe des oiseaux, sous la note ci-jointe[1]. L'on me pardonnera cette

---

[1]) Du temps que le Gouvernement néerlandais semblait prendre quelque intérêt à l'exploration scientifique et matérielle de ses belles et fertiles possessions d'outre-mer, et que la commission des naturalistes voyageurs, chargée de ce soin, existait encore dans l'Archipel malais, feu le Dr. FORSTEN, membre de cette commission aujourd'hui supprimée, fit parvenir au musée parmi un grand nombre d'objets nouveaux, un oiseau gallinacée remarquable, portant chez les indigènes de la baie de Gorontalo (île de Célèbes), le nom de *maleo*, dérivé de la langue portugaise et qui signifie *marteau* ou *martelet*, vu que cet oiseau a l'occiput muni d'une forte protubérance osseuse, immitant en quelque sorte la tête d'un marteau. Comme ce gallinacée nouveau offre dans l'ensemble de son organisation des formes toutes particulières, je lui donnai pour nom de genre et d'espèce ceux de *Megacephalon maleo*. M. GRAY, qui vit cette belle espèce et qui en obtint un individu pour le musée britannique, en a publié depuis un portrait, dans son *Genera of birds*, pl. 123 ; mais, avant d'adopter ce nom de *maleo*, il se mit en quête à la recherche d'un nom, qui pourait être plus ancien que celui donné récemment par moi. M. GRAY crût, fort heureusement pour la science, mettre la main sur une priorité! Il trouva que, dans la *Zoologie de l'Astrolabe*, p. 23, pl. 25, se voit décrit et figuré un jeune, *un poussin du maleo*, que M. M. QUOY

digression en faveur du but de ces remarques, que je crois utiles pour la science.

Le premier des noms, ci-dessus indiqués, est celui qui définitivement est demeuré à l'espèce du présent article. En effet, l'on voit que l'épithète de *Guevi* a été donnée par quelques naturalistes au *Blaauw-bokje* ou *noemetje* (*Antilope pygmea*), du Cap Sud, par d'autres il a été attribué à notre *Antilope Maxwelli*. THUNBERG, n'ayant eu connaissance exacte que de la petite espèce, le *Blaauw-bokje* du Cap, et depuis son retour à Stokholm, ayant vu *le Guevi* du Sénégal, crût erronément que ce

---

et GAIMARD, qui n'avaient aucune connaissance de l'animal à l'état adulte, avaient *pris erronément* pour le jeune-âge de mon *Megapodius rubripes* de mes planches coloriées 411. Dès-lors, par droit de *priorité inscrite* le nom de *rubripes* prévalut sur celui de *maleo;* auquel, toutefois, l'on ne pouvait disputer raisonnablement son origine antique, comme prenant date de l'occupation de l'île de Célèbes par le Portugal, ce qui eut lieu, si je ne me trompe, l'an de grâce 1540; mais ce nom ne se trouvait point buriné sur une planche, ni inscrit en langue latine, dans un livre. Toutefois M. GRAY se crût sans doute dispensé de lire le texte de M. M. QUOY et GAIMARD, à l'article de leur *Mégapode à pieds rouges;* il y eut puisé des renseignements sur ce jeune individu, qu'eux réunissent à une espèce différente de genre, qui habite une toute autre partie de l'Archipel, et qui est effectivement mon *Megapodius rubripes* de ma planche 411 précitée. Il faut convenir et il est incontestable, que jamais nom ancien ou moderne, ne pouvait être plus mal choisi que celui de *rubripes* pour désigner le *Megacephalon maleo*, attendu que les pieds de cet oiseau sont d'un *cendré noirâtre*. Il est vrai, que pour ne pas faire remarquer l'incohérence du nom avec la figure, pl. 123 du *Genera* (en admettant que celle-ci eut été reproduite selon la nature, *avec des pieds noirs*), le dessinateur s'est tiré d'affaire, en imaginant de colorer en rouge les pieds, le cou. et la tête; sans doute pour faire concorder le portrait de ce *Megacephalon rubripes*, sic, avec le nom systématique adopté comme ayant droit de priorité par sa date supposée. Au reste, ce nom eut il même été d'une priorité reconnue, il n'en serait pas moins inadmissible pour désigner l'espèce mentionnée.

pouvait être la même espèce ; ce qui lui fit confondre ces deux animaux, for distincts, en un même article, sous le nom d'*Antilope monticola*, épithète que M. Gray veut donner à l'*Antilope pygmaea*, parceque sa date, *quoique couvrant une erreur*, est plus ancienne que celle de *pygmaea*, sous laquelle, nonobstant tous les naturalistes, lui seul excepté, reconnaissent le *Blaauw-bokje* du Cap. F. Cuvier décrit et donne une figure exacte de la femelle de notre *Guevi*, vol. 2 pl., mais il lui impose le nom latin de *pygmaea*, le confondant de la sorte avec le *Guevi* du Cap, qui est le *Blaauw-bokje*. L'on connaît les erreurs de Brisson et de Buffon relativement à l'emploi fautif de ce nom de *Guevi*.

Je n'entame point à l'exemple de quelques uns de mes collègues, de discussion sérieuse sur la date de l'année, du mois ou du jour de la priorité d'inscription ou de publication *du nom latin*, donné à notre *Guevi* ; ils sont trois en nombre, *Phylantomba*, *Maxwelli* et *Frederici* ; le second de ces noms étant admis par M. Gray, nous sommes sûr qu'il est le plus ancien.

Nous passons de cette recherche sur la nomenclature systématique, à la description de cette espèce ; elle est parvenue au musée en plusieurs exemplaires des deux sexes et dans tous les âges ; ils ont été envoyés de la Guiné par M. Pel ; il nous marque, qu'elle y est fort répandue le long de la côte.

Pelage de toutes les parties supérieures du corps, de celles de la queue, du cou et de la tête, d'une teinte brune plus ou moins grisâtre ; la nuance en est toujours un peu plus foncée sur le sommet de la tête, ainsi que vers les touffes de poils qui recouvrent la base des cornes. Le brun de la tête est bordé d'une large bande, partant de la base des cornes et se dirigeant en forme de sourcil au dessus des paupières. La couleur brune ou teinte-suie du dos devient plus claire, selon qu'elle se rapproche des parties abdominales; celles-ci, la face intérieure des membres, la poitrine, le devant du cou ainsi que la gorge sont d'un blanc pur. Les pieds sont d'un brun-grisâtre; ils ont, pour marque distinctive, une grande tache de teinte plus pâle ou blanchâtre, placée des deux côtés, un peu au dessus des sabots. Les poils de la longue queue sont en dessus d'un brun noir, en dessous blancs. Les oreilles portent de larges bordures blanches le long de leur contour interne. Les cornes ont une forme conique, larges dès leur base, munies d'annelures profondes jusque vers la pointe, légèrement recourbées en avant et lisses. *Le vieux mâle.*

La femelle ressemble au mâle par la couleur et les teintes du pelage; elle n'en diffère que par de très-petites cornes, souvent obtuses, ou comme perdues, et cachées dans les touffes, d'où elles prennent naissance.

Les jeunes de l'année ont en général un pelage plus foncé que les adultes; quelques parties de leur robe ont les poils terminés de roussâtre. Les jeunes, à l'état de semi-adulte, surtout les femelles, ne portent que de faibles indices de cornes, ou bien elles en manquent encore à cet âge; les touffes de poils sont alors plus distinctes et plus longues.

Je me flatte que cette description servira à la connaissance exacte de l'espèce, et que celle-ci ne pourra plus être confondue avec le *Guevi* du Cap, notre *Cephalophus pygmaea*.

Longueur de l'anus à la pointe du museau 20 pouces 2 à 6 lignes; distance du bord antérieur des yeux au nez 2 pouces 10 lignes; queue 5 pouces. Hauteur au train de devant 12 pouces 6 lignes; du train de derrière 15 pouces 6 lignes. Cornes chez le mâle 1 pouce 8 à 10 lignes; largeur à la base 7 à 8 lignes.

Antilope maxwelli. H. Smith, Griff., *Anim. Kingd.* Vol. 4, p. 26. — Gray, *Glean. Knowsl. hall.* p. 11. — Antilope frederici. Laurl. *Dict. Univ. d'Hist. Nat.* p. 623. — Wagn. Schreb. *Säugeth. Suppl.* Vol. 4. pag. 454. — Antilope phylantomba. Smith, *Synop. Mamm.* pag. 424. sp. 58. — Ogilby, *Zool. proc.* 1836. p. 121. — Antilope pygmaea. F. Cuvier, *Mamm.* Vol. 5 pl., *figure exacte de la vieille femelle.*

Patrie. La Guiné, le Sénégal et la Gambie, partout où les côtes sont couvertes de forêts. On les voit rarement plus de deux ou trois réunis.

Après être entré dans tous les détails nécessaires à la connaissance exacte des espèces, que le musée des Pays-Bas a reçu successivement des différentes parties de la côte occidentale, nous tâcherons de compléter ces indications par quelques renseignements sur les autres espèces, qu'on énumère encore dans le groupe des *Cephalophes*, et qui habitent les côtes de cette partie tropicale de l'Afrique. — L'occasion nous ayant manquée jusqu'ici de voir ces espèces en nature, puis de les comparer à celles qui nous sont connues, il sera nécessaire d'avoir recours aux descriptions plus ou moins succinctes de mes collaborateurs, auxquelles je m'en réfère complétement.

CÉPHALOPHE DES BUISSONS. *CEPHALOPHUS SYLVICULTRIX.*

Tête ovale, à museau fin ; cornes pointues, luisantes, tout-à-fait dans la direction du front, très-droites, assez finement ridées en travers dans une hauteur de six lignes depuis leur base, ensuite couvertes d'inégalités et de petits enfoncements dans une étendue d'un pouce environ, et lisses dans le restant, n'étant pas parallèles entre-elles, mais s'écartant l'une de l'autre vers la pointe. Oreilles situées très-près des cornes, à peu-près aussi longues qu'elles, arrondies vers l'extrémité, garnies de cils épais. Queue pendante, touffue. Jambes fines, point de brosses aux poignets ; deux mammelles seulement.

Pelage généralement composé de poils assez doux, couchés et luisants, ayant pour couleur dominante le brun foncé, devenant plus pâle sur les flancs et le cou, mêlé de gris sur les cuisses et à l'anus, presque jaunâtre vers la gorge et le gosier, d'un jaune isabelle sur une bande s'étendant le long de l'épine et qui s'élargit beaucoup sur la région des lombes, où les poils ont la longueur de deux pouces. Poils de la tête très-courts ; partie antérieure des joues, côté du museau et menton d'un blanc jaunâtre sale ; chanfrein et front d'un brun-clair ; ce der-

nier étant surmonté d'une touffe de poils raides, longs
d'un pouce et demi, qui couvre la base des cornes; face
externe des oreilles, de couleur brune et l'interne grisà-
tre. Queue noirâtre. Jambes couvertes de poils courts et
d'un brun châtain. *Le mâle. La femelle n'est pas connue.*
Il paraît que ni le mâle adulte ni la femelle n'existent
dans aucun des musées qui me sont connus.

Longueur totale de l'anus à la pointe du museau 5,
pieds; de la queue avec la touffe 6 pouces. Hauteur au
train de devant un peu moins de 3 pieds; train de derrière 3 pieds 2 pouces; hauteur des cornes 14 pouces.
Un jeune mâle du musée britannique, porte en longueur
totale 2 pieds 5 pouces; sa hauteur est de 18 pouces.

ANTILOPE SYLVICULTRIX. A f s e l i u s, *Act. Nov. Upsal.*
Vol. 7. pag. 265. — D e s m. *Mamm.* pag. 462. — L a u r.
Dict. Univ. d'Hist. Nat. Vol. 1. p. 624. — W a g n. S c h r e b.
Säugeth. Vol. 4. pag. 446. — S c h i n t z, *Syn. Mamm.*
p. 415. — G r a y, *Glean. Knowsl. hall.* p. 10. pl. 8. fig. 1.
sous le nom de punctulatus. — BUSCH ANTILOPE. S m i t h,
G r i f f. *Anim. Kingd.* p. 228 *et planche.*

P a t r i e. Les montagnes de Sierra-Léona et les régions septentrionales des fleuves Pongas et Guia; habite les
plaines couvertes de buissons dans les pays montueux.
Elle ne sort des broussailles pour se rendre aux patura-
ges, que vers l'aurore. Ayant les jambes courtes proportionellement à la longueur de son corps, elle ne saurait
courir avec la vélocité des autres espèces.

CÉPHALOPHE COURONNÉ. *CEPHALOPHUS CORONATUS.*

M. Gray a fait mention de cette espèce dans un ouvrage que nous ne possédons pas, *Ann. and Mag. Nat. Hist.* 10, 1842 et 1846, ce qui nous fait donner ici la traduction de la diagnose, contenue dans ses *Gleanings from the menagerie and aviary at Knowsley hall.*

Le Céphalophe couronné a le pelage d'un brun-jaunâtre pâle ; le milieu du dos, ainsi que la partie antérieure des pieds de devant variés de poils clair-semés, noirs ; sommet de la tête de couleur bay intense ; touffe d'un brun-noirâtre ; les pieds et une bande sur le chanfrein noirâtre ; face interne des oreilles, menton, devant du cou, poitrine, ventre et face intérieure des pieds blanchâtres. Cornes courtes, coniques ; les oreilles pointues, à peu-près moitié de la longueur de la tête.

Un mâle à l'état de semi-adulte et deux jeunes femelles font partie du musée britannique.

CEPHALOPHUS CORONATUS. Gray, *Glean. Knows. hall*, p. 9. pl. 6, *le mâle jeune.*

Patrie. Les côtes de l'Afrique occidentale ; le fleuve Gambie et l'île Macarthy.

CÉPHALOPHE CROUPE-NOIRE. *CEPHALOPHUS MELANORHAEUS.*

Nous devons la connaissance de cette espèce à l'auteur précité, qui en donne l'indication conçue en ces termes.

Pelage d'un gris-brun, gorge et flancs plus pâles; croupe et partie supérieure de la queue d'un noir parfait; menton, poitrine, abdomen, face antérieure et postérieure des cuisses, ainsi que le dessous de la queue d'un blanc pur; une bande étroite et blanche au dessus des yeux; pieds de la couleur du dos; pelage doux, d'un gris pâle entremêlé de poils raides et noirs. L'on distingue facilement notre espèce de ses congénères, par la teinte noire de la croupe.

CEPHALOPHUS MELANORHAEUS. G r a y, *Glean. Knowsl. hall.* p. 11. pl. 10. — CEPHALOPHUS PHILANTOMBA. G r a y, *Catal. Mamm. Brit. Mus.* pag. 163.

P a t r i e. L'île de Fernando-po; côte occidentale de l'Afrique.

CÉPHALOPHE POINTILLÉ. *CEPHALOPHUS PUNCTULATUS.*

Pelage peint de trois couleurs, gris à la base, brun sur le reste de sa longueur et terminé par des anneaux jaunâtres. En dessus d'un brun fuligineux foncé, flancs et pieds plus pâles; une bande étroite brune passe au dessus des yeux en forme de sourcil; face interne des oreilles d'un brun pâle; menton, gorge, poitrine, ventre, devant des cuisses et dessous de la queue d'un blanc pur; le dessus brun.

CEPHALOPHUS PUNCTTULATUS. G r a y, *Ann. and Mag. Nat. Hist.* 1846. — Id. *Glean Knowsl. hall.* p. 11. pl. 11. fig. 1, *paraît être un jeune individu, sans détermination de sexe.*

P̦at r i e. La Sierra-Léone, côte occidentale d'Afrique.

Dans cette courte notice se trouve résumé tout ce que nous savons sur cette espèce nouvelle, représentée dans les galeries du musée britannique par un jeune individu, offert par le colonel SABINE. La notice donnée par M. GRAY de son CEPHALOPHUS WHITFIELDI, *Glean. Knowsl. hall.*, pag. 12, repose aussi uniquement sur un très-jeune sujet, figuré grandeur naturelle planche 11, fig. 2. La diagnose inscrrée dans le dit ouvrage, le signale comme suit.

Pelage d'un cendré-jaunâtre; la partie antérieure des limbes et la partie postérieure du dos plus foncées; oreilles et sommet de la tête d'un brun-jaunâtre; une bande au dessus des yeux; joues, devant du cou, ventre, face intérieure des limbes, ainsi qu'un anneau couvrant les sabots, d'un cendré-blanchâtre. Les poils sont d'un gris-cendré, terminés de brun sur le dos, avec leur pointe extrême jaunâtre.

Cette espèce est plus pâle et plus jaunâtre que la

précédente. Le jeune sujet du musée britannique a été trouvé sur les bords de la Gambie. *Dans ces deux dernières espèces il nous manque encore la connaissance de l'état adulte de l'un et de l'autre sexe.*

Le genre *Bos* ou des *Boeufs* est réprésenté dans cette partie tropicale de l'Afrique par une espèce de buffle, moins grande d'un quart à peu-près que le buffle du Cap Sud, connu sous le nom de *Bos cafer.* Ce sont des espèces très-voisines, à tel point même que l'œil peu exercé à saisir les rapports et les caractères différentiels que présentent si souvent des animaux du même genre, pourrait bien se trouver en défaut; vu que, surtout de prime abord, l'on peut se méprendre au point de ne voir dans le *Bos brachyceros* de la côte occidentale de l'Afrique, qu'une de ces races plus petites et rabougries du *Bos cafer*, des parties Sud de ce continent. Toutefois, la comparaison plus exacte entre les crânes munis de cornes, et provenant les uns et les autres de mâles très-vieux, sert à éloigner toute idée en faveur de rapports d'identité spécifique ; mais elle tend aussi à rendre très-évidente l'unité générique de ces espèces, que nous n'avons point encore été à même de confronter entre elles sur des individus parfaits, soit sous le rapport de leur charpente osseuse complète, soit sous celui de leurs dépouilles montées; attendu que M. Pel ne nous a fait parvenir jusqu'ici de la Guiné, que deux têtes de mâles à l'état adulte; elles servent, toutefois, à établir cette comparaison sur des bases solides. M. Pel s'est chargé lui-même de cette tâche dans un mémoire, offert à la *Société Royale Natura Artis Ma istra ;* travail que nous réproduisons d'après le texte hollandais, publié par ce voyageur plein de zèle et de soins assidus pour notre établissement zoologique, qu'il ne cesse d'enrichir par des envois d'objets de ces contrées, encore peu explorées sous le rapport de leurs produits dans le domaine des sciences naturelles.

BUFFLE BRACHYCÈRE. *BOS BRACHYCEROS.*

Ce Buffle ressemble sous plusieurs rapports à celui du Cap, mais il n'atteint point la taille de ce dernier. Son crâne osseux présente des différences remarquables et constantes. Le devant du mufle est beaucoup plus étroit; les os du nez sont plus bombés; les orbites des yeux ont leurs bords moins proéminents; le front n'est pas à beaucoup près aussi bombé que dans le buffle du Cap, tandis que l'occiput est plus proéminent. Les cornes présentent des disparitées non moins remarquables; elles sont en général moins fortes, plus planes en dessus et courbées d'une toute autre manière. Vues en dessus elles sont en croissant, et ressemblent par leur courbe à celles du buffle ordinaire. Vues de côté, l'on remarque, que dès leur base la courbure est moins inclinée en dessous, que dans le buffle du Cap, qu'en suite elles remontent un peu, et que leur pointe lisse et arrondie est faiblement courbée en dedans et retournée en arrière.

La chasse du Buffle est entourée de dangers aussi nombreux que celle du Léopard.   On ne les trouve point en grand nombre à la côte; cependant ils se montrent de temps en temps dans les environs de Boutry et de Cha-ma, en troupes de douze ou de quatorze individus.   Ils fréquentent rarement les fourrés épais et sombres des forêts, que lorsque la troupe change de pâturage; ces animaux hantent ordinairement les lieux découverts, où croissent de hautes herbes entre-coupées de buissons. Les nègres prennent beaucoup de précautions à cette chasse, quoiqu'elle ait le plus souvent lieu par un seul individu, armé de son fusil; s'il parvient à tuer un buf-fle, son premier soin est de se soustraire aux regards du reste de la troupe, soit en se cachant dans les buissons, soit en escaladant un arbre.   Il arrive souvent, qu'un chasseur se voit réduit à la nécessité de demeurer jus-qu'à la nuit dans ces retraites, vu les soins assidus des buffles à ne pas s'éloigner de l'arbre, sur lequel leur en-nemi s'est soustrait à leur fureur; leur colère les porte à des charges contre l'arbre; ils labourent le sol de leurs cornes et enlèvent des mottes de terre dans l'air; souvent ils s'en prennent à leurs compagnons ou bien ils assou-vissent leur rage sur le buffle térassé.   Les dangers auxquels l'homme est en but dans cette chasse sont cause, que les nègres tuent rarement des buffles; l'européen bien moins agile que le nègre, craint de s'y livrer, ce qui fait qu'on parvient rarement à s'en procurer un individu [1].

ROULIN, *Dict. Univ.*, Vol. 2. pag, 767, donne quelques

---

[1] Comparez à cette notice, ce qui est dit relativement à la chasse du *Bos cafer*, dans le voyage du naturaliste DELEGORGUE, Vol. 2. p. 262. *Voyage dans l'Afrique Australe.*

détails sur une femelle de cette espèce, observée par lui dans la ménagerie du jardin des plantes à Paris; le squelette de ce même individu se trouve aujourd'hui dans les galeries d'anatomie comparée. Le sujet rapporté d'Abyssinie par M. Ruppell, et qui a été déposé par ce voyageur dans les galeries du musée de Francfort, est sans doute un *Bos brachyceros*, car l'individu découvert dans le Soedan par Clapperton et Denham, était de cette espèce.

M. Whitfield, lors de son retour de la Gambie, en 1846, en a rapporté un individu vivant, qui est mort dans la traversée, et dont le squelette existe maintenant dans le musée britannique; c'était une femelle. M. Whitfield dit, que le vieux mâle à de longues touffes de poils aux pieds de devant.

Bos brachycerus. Gray, *Ann. Nat. Hist.* Vol. 2, pag. 284. pl. 15. — Id. *Glean. Knows. hall.* p. 46. — Pel, *Bijdrage tot de dierk. livr.* 5, *avec deux figures très-exactes de la tête d'un vieux mâle.* — Bos bubalis Clapp; *Voy.* — Bos cafer var. Sundev.

Patrie. Il paraît qu'elle habite toute la côte occidentale du Sénégal à la Gambie; elle se trouve aussi répandue vers les parties orientales dans le Soedan et l'Abyssinie.

APPENDICE ZOOLOGIQUE

SUR LE GENRE SCIURUS.

J'ai dit page 125 de ces esquisses, que plusieurs écureuils nouveaux trouvés dans l'Archipel malais ainsi qu'à Malacca, ont été déposés par nos voyageurs dans le musée des Pays-Bas; ces espèces viennent augmenter le chiffre des rongeurs connus dans le genre *Sciurus*. Nous allons les indiquer succinctement, en partie comme supplément du travail de M. S. Muller sur les écureuils de l'Inde archipélagique [1] et en partie comme découvertes faites dans la Péninsule de Malacca.

ÉCUREUIL DE RAFFLES. *SCIURUS RAFFLESI.*

Les naturalistes néerlandais qui ont publiés les renseignements les plus récents sur les mammifères trouvés par eux dans les parties méridionales de Bornéo qu'ils ont parcourues, semblent avoir cru reconnaître dans l'espèce très-commune d'écureuil, qui vit dans cette con-

---

[1] Voir *Verhandelingen over de Natuurl. Geschied. der Nederl. Overz. Bezittingen, Zool.* pag. 88.

trée, la même que celle propre à la presqu'ile de Malacca, désignée dans les systèmes sous le nom de *Sciurus Rafflesi*, tandis que l'écureuil trouvé par eux à Bornéo diffère spécifiquement de son congénère de la Péninsule de l'Inde et de Sumatra. C'est une erreur, à laquelle nous mêmes étions sur le point d'ajouter notre sanction, en confondant, à leur exemple, les deux espèces distinctes sous une même rubrique. Nous l'eussions fait comme eux, si le hasard ne nous eût offert dans la collection recueillie plus tard par le Dr. SCHWANER, dans les parties du littoral Sud de l'île mentionnée, ce même écureuil, mais sous une livrée différente, et tué dans une autre saison de l'année que les sujets rapportés antérieurement par M. MULLER de Bornéo. Un assez grand nombre d'individus, fruits des deux expéditions faites à deux époques différentes de l'année, m'ont servi de preuve certaine de la disparité entre ces deux espèces citées ; lesquelles, d'ailleurs, se ressemblent plus ou moins par les formes du corps et des membres [1] : nous indiquons dans le présent article les différences principales dans les couleurs du pelage des deux espèces, telles qu'on les obtient lorsqu'elles se trouvent revêtues de leur livrée de noces ou à l'époque du rut ; puis, nous fournirons dans l'article suivant, la description des deux livrées, sous lesquelles se montre l'écureuil de Bornéo, auquel le nom de *Sciurus redimitus* a été donné dans les catalogues méthodiques.

---

[1] WAGNER, *Suppl.* pag. 195, s'en rapportant aux données fournies par MULLER, *Verhandel.* pag. 56, a confondu comme lui ces deux espèces d'écureuils.

Sciurus Rafflesi de Malacca et son congénère *Sciurus re-dimitus* de Bornéo, se ressemblent exactement dans toutes les proportions du corps et des membres, si ce n'est que la prémière a la queue moins longue; mais ces deux écureuils diffèrent plus spécialement par la coloration constamment disparate des teintes de leur pelage.

Dans la livrée parfaite, qui doit être celle de l'époque du rut, notre *Rafflesi* est élégamment peint de blanc très-pur, à partir de la pointe du nez jusqu'aux talons des jambes postérieures; cette bande d'un blanc parfait est étendue sur les joues et prolongée sur le haut des membres antérieurs; elle devient plus large tout le long des flancs, se dirrige sur les cuisses et de là jusqu'aux talons. Les longs poils soyeux de la queue sont jusqu'à leur extrémité d'un noir rougeâtre, et le flocon terminal est rougeâtre foncé.

Le pelage de la même saison dans *Redimitus*, n'a de blanc pur qu'à la pointe du nez, et seulement la bande peu large des flancs porte cette teinte pure. Les longs poils soyeux de la queue sont jusqu'à mi-partie noirs, et tous sont terminés de blanc jaunâtre.

Sciurus rafflesi a été décrit exactement par Vigors et Horsfield, *Zool. Journ.* Vol. 4. p. 115, et pl. 4 une bonne figure. Voyez aussi Schintz, *Synops. Mamm.* sp. 58. — Comme figure parfaite Tab. 9 des Mémoires de la Soc. des Scienc. Nat. de Neuchatel. — Desmarest, *Mamm.*, pag. 635, en fait mention sous le nom de *Sciurus Prevosti*.

Patrie. Malacca et Sumatra.

ÈCUREUIL A FRAISE. *SCIURUS REDIMITUS.*

Un individu dans l'âge semi-adulte, conservé depuis nombre d'années dans la liqueur spiritueuse, à pelage plus ou moins décoloré par l'action de l'alcohol et manquant d'indication de patrie, a servi de type à la description et à la figure fournies par M. van der Boon Mesch dans les *Annales de l'Institut des Pays-Bas de* 1829, Vol. 2, pag. 243. L'espèce ayant été adoptée dans les catalogues méthodiques sous le nom porté en tête du présent article, nous en faisons usage dans les indications plus spéciales sur cet écureuil: il nous est mieux connu maintenant sur des individus parfaits, des deux sexes, tués à différentes époques de l'année et révêtus de leur pelage variable des deux saisons. Ces objets ont été acquis au musée par les voyageurs naturalistes qui ont visités les parties Sud de l'île de Bornéo.

M. Muller a cru voir dans notre *Redimitus* une simple variété de climat du *Rafflesi* de Sumatra et de Malacca, et il le décrit sous ce dernier nom dans la zoologie de son voyage. Nous venons de faire la remarque dans l'article précédent, que ce rapprochement est erroné, attendu que notre *Redimitus*, sous sa double livrée de saison, diffère constamment de l'espèce avec laquelle M. Muller le réunit. Son écureuil de Bornéo, capturé dans la saison du rut, a le pelage coloré comme suit.

Sommet de la tête, joues, nuque, toutes les parties

du haut du dos et la base de la queue à sa partie supérieure, d'un noir profond; parties latérales du dos, et
les cuisses avec les talons y compris, d'un gris-jaunâtre
pointillé de gris-brun ou de roussâtre; parties supérieures des pieds de devant, gorge, poitrine, ventre, abdomen, face antérieure de tous les pieds d'un rougeâtre
ardent et vif; chez quelques individus l'extrémité de ces
membres ont aussi cette couleur; région des moustaches,
ainsi que la bande étendue le long des flancs, depuis
les membres antérieurs aux postérieurs, sont d'un blanc
pur; au dessous de cette bande peu large, s'en trouve
une plus étroite et noire; les poils touffus de la queue
sont noirs et terminés de blanc jaunâtre. — C'est alors
Sciurus rafflesi Muller et Schlegel, *Verhand. Zool.*
pag. 83. — En partie Sciurus Prevosti, Wagner, *Suppl.*
pag. 193. — Son redimitus est un individu à l'âge de
semi-adulte.

La livrée propre à cette espèce dans la saison opposée
à celle du rut, n'a point encore été indiquée; nous la
signalons sur une multitude d'individus, parmi lesquels
il s'en trouve un dans le passage de l'une à l'autre livrée.

Dans le pelage parfait, le noir pur couvre seulement
une partie de la tête, à partir du museau jusqu'au de là
des yeux; tout le reste du crâne, les joues, la nuque,
toutes les parties du corps jusqu'aux flancs, le haut des
jambes et de la base de la queue sont couverts de poils
d'un cendré noirâtre, qui est annelé de petites bandes
d'un cendré jaunâtre, et qui ressemble plus ou moins

au pelage *petit-gris* des fourreurs ; deux bandes, de largeur égale à peu-près, la supérieure blanche et celle de dessous noire sont étendues sur les flancs, d'une jambe à l'autre ; toutes les parties inférieures qui sont d'un rouge ardent dans le pelage de la saison du rut, sont d'un rougeâtre plus terne ; les quatre extrémités sont d'un noir plein et les poils moins longs de la queue sont noirs totalement.

Longueur totale 20 pouces, sur laquelle 11 pouces pour celle de la queue.

Les jeunes de l'année sont revêtus à peu-près des mêmes teintes, que celles que nous a offert le pelage qui vient d'être indiqué. — A cet âge il serait possible qu'on les confondit avec *l'adulte* du *Sciurus vittatus*, qui vit aussi à Bornéo ; toutefois, il est facile de les reconnaître ; d'abord à la plus grande longueur de la queue dans *le jeune Redimitus*, puis aux parties totalement noires de la tête, et, en ce que les pieds et la queue sont aussi de cette couleur. Dans *Vittatus* la bande noire des flancs est beaucoup plus large que chez le *jeune-âge* du *Redimitus* ; puis toute la tête, les quatre extrémités et la majeure partie de la queue sont de la même couleur que le dos.

Patrie. Très-répandu dans quelques parties méridionales de l'île de Bornéo.

ÉCUREUIL ÉRYTHROMÉLANE. *SCIURUS ERYTHROMELAS.*

Il est heureux que nous ayons pu recevoir cet écureuil nouveau dans son pelage des noces ou à l'époque du rut, en même temps que nous sont parvenus, de la même contrée, des individus tués dans la saison opposée de l'année; obtenus séparément et capturés dans des localités différentes, nous aurions pu hésiter à les réunir sous une rubrique, tant est remarquable la différence que ces deux livrées présentent.

Dans celle de la saison du rut, la queue est pourvue de poils longs, plus ou moins distiques. Seulement deux couleurs principales revêtent le pelage; un noir très-profond et comme enduit de vernis couvre toute la tête, les parties du corps jusqu'à mi-côte, le haut des quatre membres et la queue; toutes les parties du dessous du corps, la face intérieure des jambes, une partie des flancs, et les extrémités des pieds sont d'un rouge foncé, très-vif; les moustaches prennent naissance au centre d'une petite tache grise.

Le pelage parfait dans la saison opposée à celle du rut, est peint avec plus de recherche et les teintes en sont plus variées. La queue a des poils moins longs et sa forme est arrondie. Le pelage du sommet de la tête, les parties supérieures du cou et du corps jusqu'aux flancs, de la face extérieure des membres et de la to-

talité de la queue, sont annelés de bandes noires, qui
alternent avec d'autres plus petites et moins larges de
moitié, et qui sont d'un roux-foncé ; la région des yeux
et des moustaches ainsi que les joues portent une teinte
rouge-claire ; le menton, la gorge, les parties inférieures
du corps et celles intérieures des membres sont d'un
roux foncé, mais terne ; les extrémités des jambes sont
noires ; sur les flancs à mi-côte, et d'une jambe à l'autre, se voient deux bandes ; la supérieure, assez étroite,
est peinte d'ocre-grisâtre, l'inférieure très-large est d'un
noir profond : ces bandes disparaissent vers le temps
du rut ; la supérieure vient se fondre dans le noir plein
du dos, et l'inférieure prend la teinte rouge intense des
autres parties du dessous du corps ; les anneaux d'un
roux foncé aux parties supérieures disparaissent par le
frottement et l'usure du bout des poils.

L'on conçoit que les individus dans le passage de l'une
à l'autre de ces livrées, offrent des variétés intermédiaires, qui ont plus ou moins de ressemblance avec celles de l'état parfait, dans les deux saisons opposées de
l'année.

Longueur totale de 17, 18 à 19 pouces, sur laquelle
la queue prend 10 ou $9\frac{1}{2}$ pouces.

Patrie. Les parties septentrionales de Célèbes, Gorontalo et Kema.

ÉCUREUIL CANNELLE. *SCIURUS CINNA-MOMEUS.*

Le musée ne possédant que trois sujets, de pelage plus ou moins différent les uns des autres, et manquant d'indication précise sur l'époque de l'année dans laquelle ils ont été obtenus, nous ne saurions dire avec certitude, laquelle de ces livrées doit être prise comme livrée des noces; nous présumons que le pelage décrit ci-dessous est celui que porte l'espèce à l'époque du rut; les deux autres sont probablement des livrées de passage ou intermédiaires, entre celles des deux saisons opposées.

Le pelage de toutes les parties du corps et des membres est coloré de différentes teintes rousse-rougeâtres, plus ou moins vives. La tête, la nuque, la partie supérieure du dos et plus des deux tiers de la queue sont d'un rouge-cannelle très-foncé et couvert de lustre; le bout terminal de la queue est d'un rouge plus clair; les joues, les côtés du cou et du corps, ainsi que la face extérieure des pieds sont roux de rouille; le devant du cou et la face intérieure des membres sont d'un roux clair; le ventre et l'abdomen portent une teinte rougeâtre plus décidée.

Un autre individu diffère de celui que nous venons de signaler, en ce que les poils lustrés du dos, de la tête et de la queue portent toujours la même couleur indiquée ci-dessus, mais ils sont tous terminés de noir luisant, les joues, les côtés du cou et du corps ainsi que les membres sont d'un gris très-foncé, mais le bout des poils est d'un roux clair; le ventre et l'abdomen sont d'un rougeâtre mat; les pieds ont une teinte noirâtre.

Le pelage du troisième individu ressemble plus à celui du premier qu'à la livrée du second; c'est absolument une robe de passage de l'un à l'autre pelage.

Longueur totale des trois individus à l'état adulte, 16 pouces, dont 7 pouces 9 lignes pour la queue.

Patrie. La Péninsule de Malacca, dans les environs de Camboge.

ÉCUREUIL BIMACULÉ. *SCIURUS BIMACULATUS.*

Je ne connais qu'une seule des livrées propre à cette espèce nouvelle, dont un seul individu, celui déposé dans nos galeries a servi à ces recherches; l'époque de l'année dans laquelle cet individu a été capturé n'est non plus venu à ma connaissance.

L'espèce sera facile à reconnaître, dans toutes les saisons et dans tous les âges, à la double maculature du bout de la queue; ces deux taches terminales du peinceau, dont l'une d'un noir profond et l'autre d'un blanc pur, ne sont pas de nature à subir quelque altération de couleur, vu que ces poils longs et soyeux portent une même teinte, depuis leur base jusqu'à la pointe; les oreilles sont plus hautes que larges et terminées par une petite touffe de poils.

Les parties supérieures de la tête, du cou, tout le dos et la queue jusque vers la pointe, portent un pelage soyeux, régulièrement annelé de cendré et de noir; ces deux teintes forment de petites bandes transversales sur la queue, qui porte une grande tache noire et dont le flocon terminal est blanc; les côtés du cou, le haut des jambes et les flancs sont d'un roux de rouille; toutes les parties inférieures sont d'un gris blanchâtre.

Longueur 15 pouces, sur laquelle la queue prend 8 pouces.

Patrie. La Péninsule de Malacca.

Nous mentionnons encore ici et pour mémoire seulement, les trois autres espèces d'écureuils qui ont été envoyés au musée des Pays-Bas par feu le Dr. FORSTEN, et qu'il a découvert dans les parties Nord de Célèbes.

Ces espèces sont indiquées par de courtes diagnoses, dans le travail de M. MULLER sur les écureuils de l'archipel malais; voir, *Verhandelingen over Nederlandsch Indiën*, *Zoologie*, p. 86, sp. 5, 9 et 11, où on les trouve sous les noms de SCIURUS RUBRIVENTER, LEUCOMUS et MURINUS.

TAMIAS A OREILLES BLANCHES. *TAMIAS LEUCOTIS.*

Le caractère le plus saillant auquel, de prime-abord, l'on peut reconnaître cette petite espèce, se voit dans

la manière dont est peinte le lobe extérieur des oreilles;
ce bord est garni de poils assez longs, ils sont noirs depuis la base et d'un blanc pur à la pointe, ce qui forme
une petite touffe blanche, surmontant, de quelques lignes,
le bord de cet organe.

Indépendamment du caractère saillant qui vient d'être
mentionné, le pelage de ce petit *Tamias* est encore remarquable par les bandes dorsales; celles du milieu le
long de la colone vertébrale est d'un noir plein; elle est
bordée de chaque côté par une bande grise, puis s'en
trouve une brune, et la bande rapprochée des flancs est
d'un jaune-blanchâtre; celle-ci est étendue à partir de
la pointe du nez, passe sur les joues et les flancs, et
vient aboutir au coccyx en suivant la même direction
que les autres bandes; le sommet de la tête, les flancs
et les quatre membres sont d'un gris plus ou moins varié
de roussâtre; toutes les parties inférieures sont d'un blanc
légèrement roussâtre. La queue arrondie porte des poils
de longueur moyenne; ils sont roux à leur base, puis noirs,
et terminés de roux-jaunâtre.

Telle est la livrée d'un individu tué en Mai; un autre
individu capturé en Décembre, ressemble au précédent
par les touffes surmontant les oreilles, ainsi que par la
coloration des poils de la queue et des membres; mais il
diffère par la teinte des bandes ainsi que des parties inférieures du corps; la bande qui passe sur l'épine dorsale demeure toujours noire; celle qui suit sa direction
de chaque côté est d'un jaune-roussâtre; puis une plus
large qui est brune, suivie de celle extérieure de chaque
côté, dont la direction de même que la teinte sont ab-

solument semblables à la bande dans l'individu dont nous venons de fournir le signalement ; le dessous du cou et du corps sont d'un roux rougeâtre clair.

L'on ne peut attribuer cette différence dans les teintes du pelage de ces deux individus, pas plus au sexe qu'à l'âge ; tous les deux sont mâle et dans l'état adulte; il faut donc admettre cette différence dans la catégorie des changements dûs à l'influence des saisons ou des deux moussons qui régnent dans ces climats.

Longueur totale 8 pouces 3 ou 5 lignes, sur laquelle 3 pouces 6 ou 8 lignes pour la queue.

P a t r i e. La Péninsule de Malacca.

INDICATION

DES MATIÈRES CONTENUES DANS CES ESQUISSES.